JEDER HUND KANN ...

alleine
bleiben

Katrin Voigt

Keine Angst vor dem Alleinsein

bede bei Ulmer

INHALT

Ursache 4:
TRENNUNGSANGST

Ursache 5:
IHR HUND WIRD ZUM SENIOR

Spezial:
ALTERNATIVE BESCHÄFTIGUNGSIDEEN

SERVICE

ZU DIESEM RATGEBER

Welcher Hundehalter wünscht sich nicht, seinen Hund entspannt allein lassen zu können? Der Vierbeiner benimmt sich auch allein in der Wohnung vorbildlich und lässt sogar das neue teure Sofa in Ruhe. Sie möchten das auch? Verständlich!

Leider sieht die Realität oft ganz anders aus ... Bei Ihnen auch? Warum ist das so? Diese Frage ist nicht ganz einfach zu beantworten. Es gibt zahlreiche Ursachen, warum Hunde nicht alleine sein können. Hier einige Beispiele:

So einfach kann es sein: Ein entspannter Hund auf seinem Lieblingsplatz.

◆ Manchen Hunden ist schlicht und ergreifend langweilig.
◆ Andere Vierbeiner sind vielleicht gerade im Zahnwechsel.
◆ Wieder andere haben einfach Angst vor dem Alleinsein!

Die wichtigsten Ursachen für Probleme beim Alleinbleiben sind in diesem Ratgeber zusammengefasst. Sie finden hierin Ideen und anschauliche Übungen für das Training, damit auch Ihr Hund lernt, problemlos allein zu bleiben.

Einige nützliche Adressen, die Ihnen sicherlich weiterhelfen können, sind im Service genannt. Bei schwerwiegenden Problemen kann dieses Büchlein den Gang in eine Hundeschule aber nicht ersetzen.

Gerne können Sie dieses Buch vom Anfang bis zum Ende durchlesen. Für die eher praktisch Veranlagten, die sofort mit dem Üben loslegen möchten, bieten wir mit der Checkliste ab Seite 6 die Möglichkeit, direkt mit dem Training zu starten. Also einfach ausfüllen, in die Auswertung schauen und auf die genannte Seitenzahl blättern. Schon können Sie loslegen.

TIPP

Nützliche Tipps und Zusatzinformationen finden Sie in den farbig unterlegten Kästen.

WARUM BLEIBT IHR HUND NICHT ALLEIN?

Viele Ursachen können verantwortlich dafür sein, dass Ihr Hund nicht allein bleiben kann. Damit Sie gleich mit dem Training starten können, sollten Sie wissen, warum es bei Ihrem Vierbeiner zu Problemen kommt.

Die aus meiner Sicht wichtigsten fünf Ursachen für Probleme beim Alleinsein habe ich in diesem Ratgeber zusammengefasst:

- Ihr Hund hat gelernt, dass er Aufmerksamkeit bekommt, wenn er Ihre Wohnung verwüstet.
- Ihrer Fellnase ist ganz einfach langweilig.
- Ihr Hund steckt gerade mitten im Zahnwechsel.
- Ihr Vierbeiner leidet unter Trennungsangst.
- Ihr Hundesenior kommt in die Jahre und wird dement.

Die folgende Checkliste soll Ihnen helfen herauszufinden, um welches Problem es sich bei Ihrem Vierbeiner handelt und welche Übungen für Sie und ihn sinnvoll sind.
Natürlich können die unten aufgeführten Aussagen nur die häufigsten Probleme benennen. Vielleicht zeigt Ihr Hund Verhaltensweisen, die Sie hier nicht finden. Zögern Sie in diesem Fall nicht, sondern wenden Sie sich an einen Profi. Manche Verhaltensweisen könnten dagegen zu zwei oder mehr Ursachenkomplexen passen: Hundeverhalten ist nicht immer eindeutig. Ein Beispiel aus der Praxis: Ihr Vierbeiner hat im Zahnwechsel erfahren, dass es ihm Erleichterung verschafft, Dinge anzunagen. Später hat er gelernt, Gegenstände zu zerstören, wenn ihm langweilig ist, weil ihm das Abwechslung bringt. Beide Verhaltensweisen habe ich zunächst einmal

„Wo ist mein Besitzer?" Dieser Vierbeiner blickt Herrchen oder Frauchen hinterher.

verschiedenen Themengebieten zugewiesen. Arbeiten Sie am besten erst einmal das Kapitel zu dem Thema durch, zu dem Sie die meisten positiven Antworten haben. Reichen die beschriebenen Übungen nicht aus, lesen Sie auch das Kapitel zum anderen Themenbereich.

CHECKLISTE

Die Antworten auf die Fragen in der Checkliste lassen Rückschlüsse darauf zu, warum Ihr Hund nicht allein bleiben kann. So hilft die Checkliste Ihnen dabei, das richtige Training zu ermitteln.

So geht's: Beantworten Sie bitte die folgenden Fragen und notieren Sie sich bei jeder Frage, die Sie positiv beantworten, den angegebenen Buchstaben. Zählen Sie dann zusammen, wie oft Sie a, b, c, d und e aufgeschrieben haben. Die Auswertung finden Sie auf Seite 8.

1 Macht Ihr Hund Blödsinn, wenn Sie gerade keine Zeit für ihn haben?
Ja: a

2 Ihr Hund ist vier bis sechs Monate alt und beginnt plötzlich, Dinge anzunagen?
Ja: c

3 Ist Ihre Wohnung nach Ihrer Rückkehr manchmal verwüstet, dann einige Male auch mal wieder nicht?
Ja: b

4 Ihr Hund ist in die Jahre gekommen und kann plötzlich nicht mehr allein bleiben?
Ja: e

5 Bellt Ihr Hund jedes Mal oder zerstört Gegenstände, wenn er allein bleiben soll?
Ja: d

6 Ihr Hund hört oder sieht nicht mehr gut, hat Herz- oder Arthroseprobleme?
Ja: e

7 Finden Sie am Spielzeug oder an den Kauartikeln Ihres Welpen immer wieder Blutreste?
Ja: c

8 Ist Ihr Hund jedes Mal stubenunrein oder sabbert in Ihrer Abwesenheit?
Ja: d

9 Zerstört Ihr Hund hin und wieder alles, was er so finden kann, wenn er allein ist?
Ja: b

10 Problematisch ist nicht, wenn Ihr Hund ganz allein ist, sondern wenn Sie noch zu Hause, aber anderweitig beschäftigt sind?
Ja: a

11 Ist Ihr Welpe / Junghund lustlos und schläft viel?
Ja: c

12 Ihr Hundesenior beginnt, besonders nachts umherzuwandern, tagsüber verhält er sich ganz normal?
Ja: e

13 Läuft Ihr Hund Ihnen in der Wohnung immer hinterher, auch wenn er gerade noch geschlafen hat?
Ja: d

14 Bellt Ihr Hund manchmal, wenn er allein ist, manchmal aber auch wieder nicht?
Ja: b

15 Ihr Hund rennt unruhig hin und her oder bellt, wenn Besuch da ist und er eigentlich ruhig auf seinem Kissen liegen sollte?
Ja: a

16 Ist Ihr Vierbeiner vor allem dann „kreativ" mit der Wohnungsgestaltung, wenn Sie nicht viel Zeit für ihn hatten?
Ja: b

17 Frisst Ihr Welpe / Junghund plötzlich schlecht und möchte sein Trockenfutter nicht mehr?
Ja: c

18 Wenn Sie keine Zeit für Ihren Hund haben, kommt es vor, dass er ins Zimmer uriniert oder Gegenstände annagt?
Ja: a

19 Ist Ihr Hundesenior allgemein ängstlicher geworden oder bellt er monoton und stundenlang?
Ja: e

20 Sucht Ihr Hund in Ihrer Abwesenheit Plätze auf, die nach Ihnen riechen, beispielsweise Ihr Bett oder das Sofa?
Ja: d

Haben Sie zusammengezählt, wie oft Sie die einzelnen Buchstaben für jede positive Antwort notiert haben? Der Buchstabe, den Sie am häufigsten vermerkt haben, gibt Aufschluss darüber, warum Ihr Hund nicht allein bleiben kann.

Lesen Sie im angegebenen Kapitel, was Sie und Ihr Vierbeiner tun können, damit Ihr Hund wieder entspannt ist, wenn Sie die Wohnung verlassen.

Die meisten Zustimmungen bei a

Ihr Hund hat wahrscheinlich gelernt, dass er durch Fehlverhalten Aufmerksamkeit bekommt. Übungen finden Sie ab Seite 10.

Die meisten Zustimmungen bei b

Sie haben einen Hund, der gelernt hat, sich bei Langeweile mit allem zu beschäftigen, was er finden kann. Möchten Sie mehr über dieses Thema erfahren, lesen Sie weiter ab Seite 20.

Die meisten Zustimmungen bei c

Ihr junger Hund ist im Zahnwechsel. Welche Übungen Ihnen und Ihrem Hund helfen können, erfahren Sie ab Seite 30.

Die meisten Zustimmungen bei d

Wahrscheinlich lautet das Problem Ihres Hundes „Trennungsangst". Wie Sie diese Thematik in den Griff bekommen können, lernen Sie ab Seite 40.

Die meisten Zustimmungen bei e

Ihr Hund wird älter und möglicherweise dement. Welche Tipps Ihnen und vor allem Ihrem Senior helfen können, erfahren Sie ab Seite 50.

TIPP

Haben Sie das Gefühl, die beschriebenen Übungen im angegeben Kapitel reichen nicht aus, dann lesen Sie auch das Kapitel zu dem Themenbereich mit den zweithäufigsten Zustimmungen.

Viel Erfolg und viel Spaß beim Üben!

Dackel-Rüde Paul hat kein Problem damit, auch mal einige Zeit alleine zu bleiben. Gelernt ist eben gelernt.

HEISCHEN UM AUFMERKSAMKEIT

Fordert Ihr Hund Ihre Aufmerksamkeit vor allem gerade dann, wenn Sie keine Zeit für ihn haben? Legt er seinen Kopf in Ihren Schoß, wenn Sie am Schreibtisch sitzen? Bringt Ihnen immer wieder sein Spieli, obwohl Sie gerade aufräumen? Bellt pausenlos, wenn Sie telefonieren?

Auch wenn es erst einmal nicht so klingt – dies sind noch die schönen Varianten des Verhaltens von Hunden, die nicht allein bleiben können. Denn es geht auch anders: Wie wäre es mit dem Zerstören von Gegenständen oder dem Markieren der Wohnung?

Wie wichtig ist Aufmerksamkeit?

Hunde sind sozial lebende Tiere. Das heißt, sie sind auf ihr Rudel angewiesen. Ohne soziale Zuwendung können sie nicht überleben. Hunde, die in Gruppen leben, haben eine Fähigkeit entwickelt, die Aufmerksamkeit anderer Gruppenmitglieder auf sich zu ziehen. Wer in der Gruppe viel beachtet wird, ist wichtig.

Aus diesem Grund ist Aufmerksamkeit für unsere Hunde meist wichtiger als Futter. Diese Zuwendung ist für unseren Hund sogar so wichtig, dass er einiges an schlechten Erfahrungen (Schimpfen, körperliche Strafe) in Kauf nimmt, um sie zu erlangen. Ohne diese lebenswichtige Ressource kann er nicht überleben.

Aufmerksamkeit wäre ein hervorragender Weg, den Vierbeiner zu erziehen. Wir belohnen erwünschtes Verhalten; Verhalten, das uns nicht so gut gefällt, ignorieren wir einfach. Das hieße: Sie würden Ihren Hund demnächst immer beachten, wenn er gerade in seinem Körbchen liegt, und ihn ignorieren,

Was man mit diesem tollen Wollknäuel wohl so alles anstellen kann?

sobald er nervend ankommt und uns sein Spielzeug auf den Schoß legt – wäre das herrlich einfach!

Leider sind wir aber nicht so leicht gestrickt. Wer schafft es schon, seinen Hund zu ignorieren, wenn er ihm den Kopf auf den Schoß legt? Genau – so gut wie niemand! Wir sind im Alltag absolut inkonsequent, sodass wir diese wunderbare Chance, unseren Hund zu erziehen, meistens verspielen. Ganz im Gegensatz zu unseren Hunden! Die sind Meister darin, uns zu manipulieren. Denn für uns ist die Aufmerksamkeit unserer Vierbeiner ein riesiger Verstärker.

AHA!

Ignorieren heißt: nicht angucken, nicht anfassen und nicht ansprechen!

Unsere Hunde sind besonders gute Beobachter.

Hunde sind Opportunisten

Die Frage ist also immer: Was hat unser Vierbeiner gerade davon, wenn er ein bestimmtes Verhalten zeigt? Denn: Hunde tun immer nur das, was sich lohnt. Alles, was sich nicht lohnt, ist in ihren Augen Energieverschwendung. Also müssen wir uns immer fragen: Wo steckt für den Hund gerade die Belohnung? Denn erst einmal scheint es nicht logisch, wenn Hunde nervös hin und her rennen, ständig bellen oder schlecht fressen. Doch, ist es, denn sie bekommen eine Menge Aufmerksamkeit dafür! Am Anfang finden Sie das Verhalten vielleicht ganz nett und schenken Ihrem Hund Beachtung dafür. Was ist die Folge? Er zeigt es verstärkt! So langsam wird es dann lästig. Sie beginnen das Verhalten zu ignorieren. Was macht Ihr Hund? Er wird mehr und mehr versuchen, Ihre Aufmerksamkeit wieder zu erlangen! Wenn Sie jetzt weich werden und es nicht schaffen, Ihren Hund links liegen zu lassen – herzlichen Glückwunsch: Sie haben ihn perfekt in die Ausdauer trainiert!

Glauben Sie nicht, dass Ihr Hund nur mit einer bestimmten Verhaltensweise Ihre Aufmerksamkeit einfordert. Aber in der Regel ist nur eine für Sie ein Problem – und diese fällt Ihnen natürlich verstärkt auf!

INFO

Wenn Ihr Hund Aufmerksamkeit heischendes Verhalten zeigt, tauchen die Probleme immer dann auf, wenn Sie zwar noch zu Hause sind, sich aber nicht um Ihren Hund kümmern können.

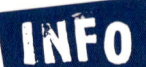

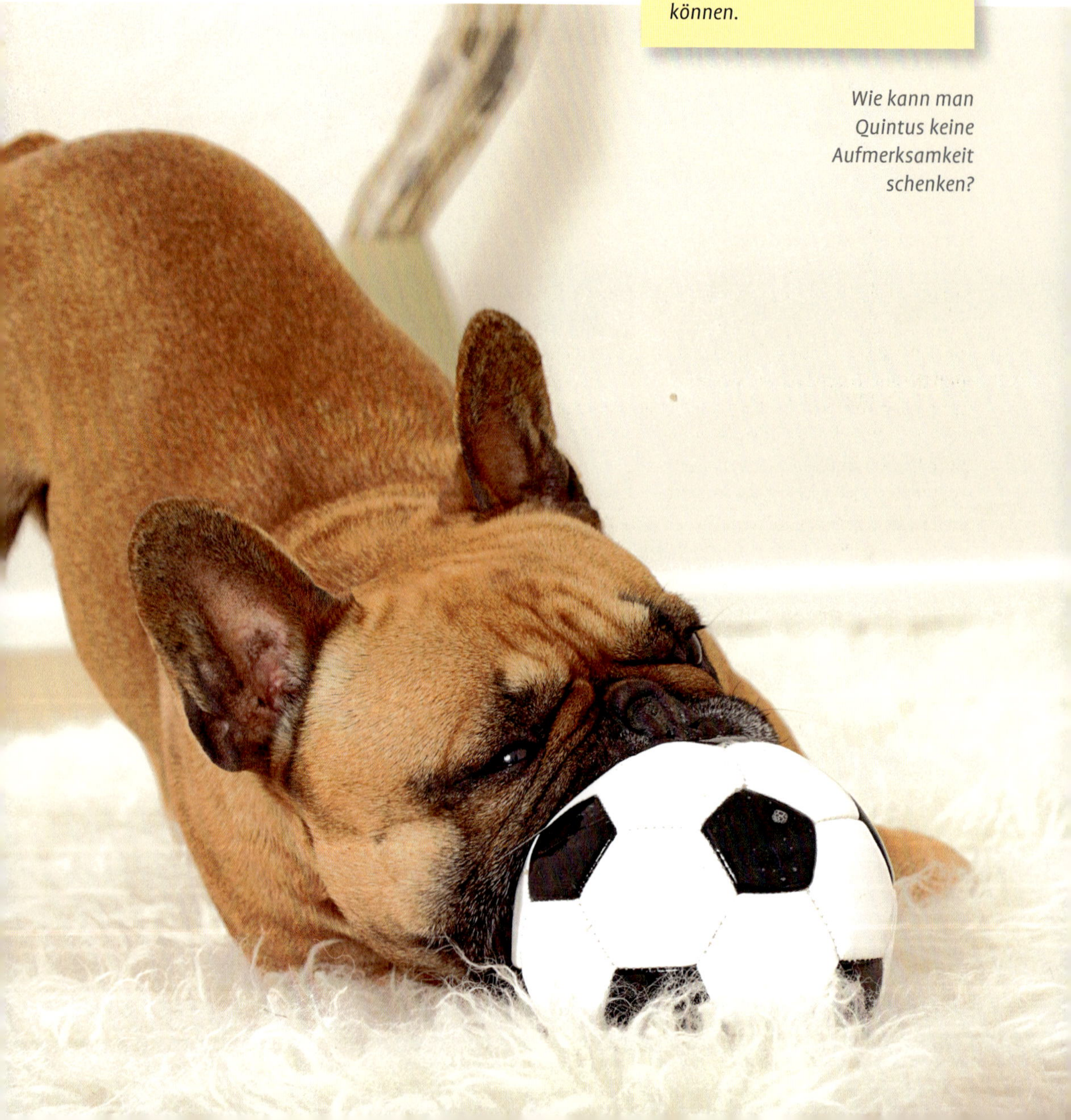

Wie kann man Quintus keine Aufmerksamkeit schenken?

Erste Managementmaßnahmen

Einführen von Ignorierzeiten

Wenn mehrere Personen in einem Haushalt leben, ist es sinnvoll, ein einheitliches Signal für die Ignorierzeiten einzuführen. Ein Beispiel: Immer, wenn ein Handtuch über der Türlinke hängt, signalisiert dies: Es ist gerade die Zeit, in der alle den Vierbeiner ignorieren. Mit einer Ausnahme: wenn sich Ihr Hund auf seinen Liegeplatz zurückzieht. Hierfür kann er gerne und sollte sogar Aufmerksamkeit bekommen. Sobald das vereinbarte Signal wieder entfernt wurde, darf Ihr vierbeiniges Familienmitglied auch wieder außerhalb seines Liegeplatzes beachtet werden. Übrigens: Das Handtuch dient nicht nur den Familienmitgliedern als Signal, sondern auch dem Hund! Auch er weiß dann, dass Aufmerksamkeit heischendes Verhalten keinen Erfolg bringt! Diese Ignorierzeiten sollten in der ersten Woche nicht länger als fünf Minuten dauern. Gerne können Sie aber mehrmals am Tag trainieren. Nach und nach steigern Sie die Ignorierzeiten auf bis zu 90 Minuten. Lassen Sie sich aber bitte einige Wochen Zeit hierfür.

TIPP

Natürlich sollen Sie Ihren Hund nicht den überwiegenden Teil des Tages ignorieren. Schaffen Sie Beschäftigungsmöglichkeiten. Hier kann Ihr Hund lernen, dass er für wünschenswertes Verhalten Aufmerksamkeit bekommt!

Vorsicht Erstverschlimmerung

Beginnen Sie, ein Verhalten Ihres Vierbeiners zu ignorieren, kann es zu folgender Problematik kommen: Das Verhalten Ihres Hundes verschlimmert sich. Er zeigt es ausgeprägter und vielleicht sogar länger. Wieso ist das so? Ihr Hund muss seine Bemühungen steigern. Denn das, was immer funktioniert hat, führt auf einmal nicht mehr zum Erfolg. Da kann ich nur sagen: Augen zu und durch!

Wie es weitergeht

Nach und nach gehen Sie dazu über, nur noch erwünschte Verhaltensweisen zu belohnen. Zum Beispiel, wenn sich Ihr Vierbeiner höflich annähert, ohne aufdringlich zu sein. Hin und wieder vergessen Sie dann, das Handtuch wegzunehmen. Jetzt belohnen Sie Ihren Hund für erwünschte Verhaltensweisen, obwohl das Handtuch noch da ist. Wir schleichen also das Ignoriersignal langsam aus.

Während Sie unerwünschtes Verhalten ignorieren, sollten Sie den Liegeplatz Ihres Hundes für ihn attraktiv und spannend machen. Ich zeige Ihnen auf den folgenden Seiten, wie das geht. Denn nur, wenn Ihr Hund seinen Liegeplatz akzeptiert und vor allem gerne mag, wird er sich dorthin zurückziehen.

Die Mischung macht's. Achten Sie im Training darauf, dass Ihr Vierbeiner sich keinen neuen Blödsinn ausdenkt. Und wenn, dann sollte es ein Verhalten sein, mit dem Sie wirklich gut und gerne leben können.

... Lösung in Sicht: Management

1 Das Wichtigste zuallererst: Achten Sie darauf, dass Ihr Hund genügend ausgelastet ist. Wenn Sie mit dem Übungsprogramm starten und die Ignorierzeiten einführen, können Sie das am leichtesten nach einem ausgiebigen Spaziergang. Dann wird es Ihrem Hund besonders leichtfallen. Suchen Sie sich gemeinsame Hobbys mit Ihrem Hund. Vielleicht haben Sie Spaß an Dummytraining, Nasenarbeit, joggen oder Rad fahren? Wichtig hierbei ist, dass die Initiative immer von Ihnen ausgeht. Möchte Ihr Hund spazieren gehen, dann warten Sie ein paar Minuten, bis er sich wieder hingelegt hat. Spielen Sie nur mit Ihrem Hund, wenn Sie das Spiel initiiert haben.

2 Mindestens genauso wichtig: Achten Sie auf Ihr Haushaltsmanagement. Sollte Ihr Hund gerne an Schuhen knabbern, können Sie dieses Verhalten nur ignorieren, wenn er in Zukunft keinen Zugang mehr zu Schuhen hat. Also: Verbannen Sie die Schuhe in den Schuhschrank. Lassen Sie keine Gegenstände auf dem Wohnzimmertisch oder an anderen für den Hund erreichbaren Orten liegen. Denken Sie immer daran: Ihr Hund wird sich unter Umständen ein neues Hobby suchen.

1 Achten Sie darauf, dass Sie Ihrem Hund genügend Abwechslung bieten.

2 Ein aufgeräumter Haushalt hilft, das Annagen von Gegenständen zu verhindern.

Liegeplatztraining

1 Wählen Sie ein kuscheliges Deckchen, Kissen oder Körbchen, das Ihr Hund wirklich gerne mag. Machen Sie diesen Liegeplatz spannend, indem Sie dort immer mal ein Leckerchen oder einen Kauknochen platzieren. Ihr Hund soll immer mal wieder gerne dort vorbeischauen, um zu prüfen, ob es eine neue Überraschung gibt. Sollte Ihr Hund sich im Laufe des Tages freiwillig auf seinen Liegeplatz begeben, sind Sie bereit für Schritt zwei!

2 Immer, wenn Ihr Hund gerade auf seinem Platz steht, sitzt oder liegt, bekommt er eine Belohnung. Steigern Sie auch hier nach und nach Ihre Anforderungen.

Am Anfang sind Sie zufrieden, sobald Ihr Hund zwei oder mehr Pfoten auf seinem Deckchen hat. Sagen Sie Ihr Lobwort und werfen Sie Ihrem Hund die Belohnung so hin, dass er wieder vom Deckchen herunter muss. Jetzt kann er nämlich zeigen, ob er alles verstanden hat. Sobald er sich wieder in Richtung Deckchen bewegt, folgt erneut das Lobwort, dann das Leckerchen. Nach und nach sollte Ihr Hund es schaffen, alle vier Pfoten auf dem Platz zu haben, dann zu sitzen und später auch sich hinzulegen.

1

2

1 *Machen Sie den Liegeplatz mit Leckereien spannend.*

2 *Belohnen Sie Ihren Hund, wenn er freiwillig den Liegeplatz betritt.*

3 Hat Ihr Vierbeiner verstanden, dass es sich lohnt, immer wieder auf seine Decke zu gehen? Dann wird es Zeit, dass wir das Verhalten auf ein Signal setzen.

In Zukunft sagen Sie immer in dem Moment, in dem Ihr Hund sich in Richtung Deckchen begibt, ein Hörsignal. Dies kann z.B. sein: „Deckchen", „Körbchen" oder „Geh schlafen". Wie immer sollten sich alle Familienmitglieder einig sein.

Wenn Sie dieses Spiel einige Tage geübt haben, verwenden Sie das Signal in einer Situation, in der Ihr Hund nur wenig abgelenkt ist und sich einige Meter von seinem Platz entfernt befindet. Legt er sich sofort hin? Na also, dann ist es an der Zeit, die Dauer des Liegenbleibens auszudehnen.

4 In Zukunft gibt es das Leckerchen nicht mehr vom Deckchen weg, sondern auf dem Liegeplatz. Unser Ziel ist, dass Ihr Hund sich möglichst lange auf seinem Deckchen entspannen, also „chillen", kann. Auch hier beginnen Sie wieder mit einer Situation, in der Ihr Hund sich sowieso gerne entspannt. Setzen Sie sich erst einmal in die Nähe Ihres Vierbeiners und belohnen Sie ihn immer wieder, wenn er auf seinem Liegeplatz liegen bleibt. Stehen Sie auch zwischendrin mal auf und bewegen Sie sich ein paar Schritte. Entfernen Sie sich aber erst einmal nur so weit, dass Ihr Hund entspannt liegen bleiben kann.

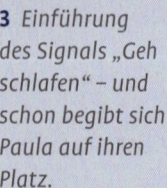

3 Einführung des Signals „Geh schlafen" – und schon begibt sich Paula auf ihren Platz.

4 Nun ist es an der Zeit, die Dauer zu verlängern: Paula wartet schon auf ihr Häppchen.

3

4

5 Klappt das gut, bewegen Sie sich im Raum, gehen Sie immer wieder zu Ihrem Hund zurück, belohnen Sie ihn und entfernen Sie sich wieder. Belohnen Sie Ihren Hund ohne große Aufregung. Sie gehen hin, bleiben zwei bis drei Sekunden neben ihm stehen. Legen Sie dann ein Futterbröckchen zwischen seine Vorderpfoten und entfernen Sie sich wieder. Je weniger Aufregung, desto einfacher kann sich Ihr Hund entspannen! Bauen Sie immer mehr Ablenkung ein: Klatschen Sie, hopsen Sie durch die Gegend, vielleicht sind Sie ja auch musikalisch und singen ein Lied. Belohnen Sie immer wieder Ihren Hund dafür, dass er auf dem Deckchen liegt

6 Laden Sie sich Besuch ein. Belohnen Sie Ihren Hund, sobald er sich freiwillig auf seinen Liegeplatz zurückzieht. Gerne kann auch der Besuch Ihrem Hund ein Leckerchen geben. Achten Sie aber darauf, dass Ihr Hund die Belohnung auf dem Deckchen bekommt und nicht, wenn er aufgesprungen ist.
Sie können Ihrem Hund auch gerne einmal einen Kauknochen geben, wenn er auf seinem Plätzchen liegt. So ist er länger beschäftigt und Sie können ihn auch mal einen Moment aus dem Auge lassen.

5 Bewegen Sie sich im Raum. Schafft es Ihr Hund liegenzubleiben?

6 So kann ein Hund aussehen, der seinen Liegeplatz gerne akzeptiert.

... und wie man sie vermeidet

1 Achten Sie darauf, dass Sie die Trainingsschritte klein genug wählen. Ist Ihr Vierbeiner frühzeitig aufgestanden, waren Sie zu schnell im Training. Steigern Sie die Zeitdauer des Liegenbleibens immer nur im Durchschnitt. Machen Sie es dem Hund zwischendrin immer mal wieder einfach.

2 Wenn Sie Ihren Hund nicht konsequent ignorieren, bedeutet dies, dass Sie ihn perfekt in die Ausdauer trainieren. Nun wird das Training für Sie sehr schwer. Holen Sie sich professionelle Hilfe.

1 *Zu große Trainingsschritte: Paula verlässt selbstständig ihren Liegeplatz.*

2 *Lilly bekommt offensichtlich doch hin und wieder Aufmerksamkeit.*

Was tun, wenn nichts hilft?

- **Ihr Hund zeigt ein Verhalten, das Sie schlecht ignorieren können. Beispielsweise jagt er seinen eigenen Schwanz oder knabbert an seinen Pfoten.**
Suchen Sie sich Rat bei einem Tierarzt, der sich auf Verhaltenstherapie spezialisiert hat. Möglicherweise liegt hier eine organische Ursache zu Grunde.

- **Nervt Ihr Hund Sie manchmal so, dass Sie das Verhalten nicht ignorieren können? Wenn Sie mit ihm schimpfen, hört er zwar auf. Aber insgesamt ist keine Besserung in Sicht?**
Eine Besserung kann auch gar nicht eintreten. Sie haben ihn perfekt in die Ausdauer trainiert. Denn schließlich bekommt Ihr Vierbeiner Ihre Aufmerksamkeit ... wenn er es lange genug versucht. Und wie zuvor beschrieben: Jede Form von Aufmerksamkeit ist erst einmal eine Belohnung. Nun hat sich eine schwer zu löschende Verhaltensweise entwickelt. Am besten holen Sie sich Rat bei einem Fachmann.

- **Ihr Hund zeigt eine Verhaltensweise, die Sie nicht ignorieren können, beispielsweise bellt er ohne Unterlass. Gibt es nicht doch eine Möglichkeit, über Abbruch zu arbeiten?**
Ja, die gibt es. Nutzen Sie aber bitte einen neutralen Unterbrecher, z.B. einen Wasserstrahl oder ein lautes Geräusch. Sie müssen das Verhalten allerdings bereits im Ansatz und vor allem zuverlässig unterbrechen. Hat Ihr Hund sein unerwünschtes Verhalten abgebrochen, rufen Sie sein antrainiertes Alternativverhalten ab, beispielsweise, indem Sie ihn in sein Körbchen schicken. Aber Vorsicht: Sollte das Verhalten nicht nach wenigen Wiederholungen weg sein, sind Sie auf dem Holzweg! Und: Jede Form von Abbruch gehört in die Hand eines Profis!

- **Ihr Hund bellt ständig und kontinuierlich, wenn Besuch kommt, rennt im Garten Passanten hinterher und bellt ihnen noch minutenlang nach. Das kann man doch nicht ignorieren, oder?**
Nein. Hier handelt es sich allerdings auch nicht um reines Aufmerksamkeit heischendes Verhalten. Dieses Bellen hat zusätzlich, zumindest im Ursprung, eine andere Motivation. Hier muss ich das Verhalten umlenken. Sie beachten demnach das Verhalten bereits im Ansatz und bieten dem Hund eine Belohnung für ein alternatives Verhalten an. Beispielsweise lassen Sie ihn ein Spielzeug tragen, wenn Besuch kommt und er seine hohe Erregungslage abreagieren muss. Dies ist für den Besuch deutlich erträglicher, als angebellt zu werden.

Ursache 2:
LANGEWEILE

Kennen Sie das? Sie kommen abends von der Arbeit und Ihr Hund hat die Wohnung „renoviert"? Oder Sie hatten gerade zu tun, konnten nicht auf Ihren Hund achten und er hat aus Ihrem Lieblingsbuch Papiermüll gemacht?

Möglicherweise ist Ihrem Hund einfach langweilig! Wenn sich Menschen für einen tierischen Mitbewohner entscheiden, spielen viele Eigenschaften und Merkmale eine Rolle:

◆ die Größe,
◆ das Haarkleid,
◆ die Farbe.

Oder er war vielleicht der Erste, der beim Züchter auf Sie zugewackelt kam?

Vielleicht haben Sie sich auch aus Mitleid einen ehemaligen Straßenhund angeschafft?

Es gibt viele Gründe, warum die Wahl ausgerechnet auf diesen Vierbeiner gefallen ist. Leider achten die meisten Menschen nicht auf das Wesentliche. Oder: Hand aufs Herz – haben Sie sich Gedanken gemacht über die Bedürfnisse Ihres Hundes? Haben Sie geprüft, ob die Rasse überhaupt zu Ihrer Lebenssituation passt? Haben Sie überlegt, ob Sie generell genügend Zeit haben, sich um diesen Hund zu kümmern? Denn einige Rassen neigen dazu, schnell unterfordert zu sein.

Das Dilemma besteht darin, dass viele unserer heutigen Rassen zum Arbeiten gezüchtet wurden. Der wohl bekannteste Klassiker unter den „Arbeitstieren" ist der Border Collie – DER Workaholic unter unseren Hunden. Sein Job war – und ist es natürlich zum Teil noch – Schafe zu hüten. Einem Border wird es kaum reichen, ein bis zwei Stunden am Tag spazieren zu gehen. Er braucht eine Aufgabe. Geben Sie ihm keine, dann wird er sich eine suchen – und das ist meist nicht zu Ihrem Vorteil! Oder nehmen wir den allseits beliebten Deutschen Schäferhund: Er wird häufig für den Polizeidienst oder für den Hundesport gezüchtet. Doch was viele vergessen: Der Großteil der Schäferhunde wird als Familienhund vermittelt. Nicht selten sind hier Probleme programmiert.

Mal schauen, was man so Nützliches im Mülleimer finden kann!

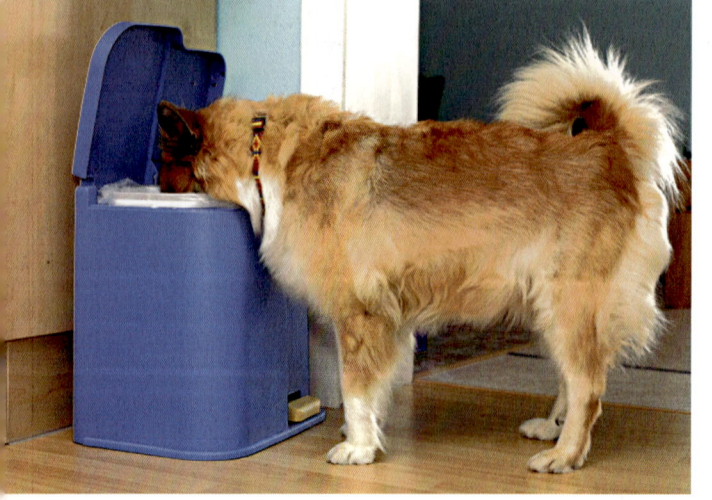

Symptome der Langeweile

Lassen Sie solch einen zum Arbeiten gezüchteten Hund den ganzen Tag allein? Zerrupft Ihr Hund Kissen, durchwühlt er den Müll oder buddelt er in den Blumentöpfen, wenn Sie nicht da sind? Möglicherweise ist Ihrem Hund einfach langweilig!

Aber woran erkenne ich nun, ob meinem Hund einfach langweilig ist oder ob er an Trennungsangst leidet?

Der Hauptunterschied ist folgender: Ein Hund mit einem Trennungsproblem zeigt das unerwünschte Verhalten jedes Mal und ausschließlich, wenn er allein gelassen wird. Bei Hunden, die aus Langeweile handeln, ist die Wohnung mal verwüstet und mal auch nicht.

Hunde, die wirkliche Trennungsprobleme haben, zerstören Dinge im Eingangsbereich oder persönliche Dinge des Besitzers. Handelt es sich „nur" um Langeweile, ist die Zerstörungswut unabhängig von Besitzverhältnissen. Hier gilt die Devise: „Man nimmt, was man kriegt."

Bellen kann ebenfalls sowohl ein Symptom von Trennungsangst als auch von Langeweile sein. Auch hier gilt: Tritt es unregelmäßig auf, ist Ihrem Hund wahrscheinlich langweilig.

Manchmal kann so ein Hundealltag sehr langweilig sein.

In einer Hundetagesstätte finden sich oft Gleichgesinnte zum Toben.

Ihr Hund braucht Alternativen

Überlegen Sie sich, wie Sie Ihren Hund in Zukunft besser und vor allem artgerecht auslasten können. Denken Sie auch über Alternativen nach: Vielleicht dürfen Sie Ihren Hund mit zur Arbeit nehmen – dann bleibt mehr Zeit für Sie und Ihren Hund in der Mittagspause. Oder Sie haben jemanden im Freundes- oder Familienkreis, der gerne etwas Zeit mit Ihrem Vierbeiner verbringen möchte.

Viele Hunde genießen auch das gemeinsame Spiel mit Artgenossen während des Tagesaufenthalts in einer Hundepension! Wenn Ihr Hund dann abends nach Hause kommt, möchte er wahrscheinlich einfach nur noch auf sein Sofa. Probieren Sie es aus! Sie finden bestimmt eine Alternative, mit der Sie beide gut leben können.

Eine weitere Möglichkeit: Bereiten Sie für Ihren Hund kleine Schnüffelaufgaben vor. Ein gefüllter Kong, eine Kiste voller Leckereien, ein Ball, aus dem nur vereinzelt Futter herauskommt, wenn Ihr Hund ihn durch den Raum kullert. Es gibt viele Alternativen, Ihrem Vierbeiner das Warten zu erleichtern. Einige Möglichkeiten finden Sie im Spezialteil auf Seite 60.

Zusammengefasst heißt das: Ermöglichen Sie Ihrem Hund, auf „legale Weise" seine überschüssigen Energien loszuwerden. Ihr Hund wird es Ihnen danken.

Nichtsdestotrotz müssen wir erst einmal das Zerstörungsprogramm aus dem Hundegehirn wieder löschen. Gute Dienste kann uns hier eine Zimmerbox leisten. Allerdings sollte Ihr Hund nicht länger als zwei bis drei Stunden am Stück in der Box bleiben.

Gerade Aufgaben für die Hundenase sind für unsere Vierbeiner enorm anstrengend und lasten sie optimal und vor allem artgerecht aus!

Ein gemeinsamer Spaziergang in der Mittagspause kommt nicht nur Ihrem Vierbeiner zugute.

... Lösung in Sicht: Boxentraining I

Wir wissen aus Erfahrung am eigenem Leib, dass Sport viele Vorteile hat. Der sicherlich wichtigste: Sport reduziert Stress!

1 Auch Hunde, denen langweilig ist, haben unter Umständen Stress. Denn Langeweile bedingt Frustration. Und wenn man frustriert ist, hat man auch Stress! Damit unser Training also auch funktioniert, sollten Sie Ihren Hund auslasten. Sowohl mental als auch körperlich. Gewöhnen Sie sich an, morgens erst einmal ausgiebig spazieren zu gehen. Hat Ihr Vierbeiner dann zu Hause noch etwas zum Kauen oder ein kleines Schnüffelspiel zu meistern – umso besser. Nun können wir mit dem Boxentraining beginnen.

2 Bitte denken Sie nicht, die Zimmerbox wäre ein Gefängnis für Ihren Hund. Die Box ist für ihn etwas ähnliches wie das eigene Zimmer Ihres Kindes. Ihr Vierbeiner darf sich seinen eigenen Bereich einrichten. Damit er sein neues Reich wirklich gemütlich findet, braucht es noch ein paar Kleinigkeiten. Als erstes wäre da natürlich ein gemütliches Kissen oder Deckchen. Die Box sollte so groß sein, dass Ihr Hund bequem liegen und sich umdrehen kann. Viele Hunde finden es angenehm, wenn dort etwas nach ihrem Besitzer riecht, z.B. ein altes getragenes T-Shirt. Als letztes: Gönnen Sie Ihrem Hund etwas zu knabbern. Wie wäre es mit einem Kauknochen oder einem mit Futter gefüllten Kong?

1 Das wichtigste ist ein ausgelasteter Hund. Daher: Suchen Sie sich ein gemeinsames Hobby.

2 So sollte eine gemütlich eingerichtete Hundebox aussehen.

3 Gewöhnen Sie Ihren Hund langsam an sein neues Reich. Die Tür sollte immer offen stehen. Packen Sie immer wieder ein Leckerchen in seine Höhle. So lohnt es sich für ihn, dann und wann am Zimmerkennel vorbeizuschauen. Sie können auch ein kleines Apportierspiel mit Ihrem Hund machen: Sie üben sich im Zielwerfen des Lieblingsspielzeuges Ihres Hundes in die Box und Ihr Vierbeiner holt sich sein Spieli wieder heraus. Danach geht es von vorne los. Je häufiger und je stressfreier Ihr Hund in seine Box geht, umso besser!

4 Und weiter geht's! Halten Sie als nächstes ein paar Leckerchen bereit. Werfen Sie Ihrem Hund eines in die Box. Wahrscheinlich wird er freudestrahlend hinterherlaufen. Nun müssen Sie schnell sein: Bevor Ihr Vierbeiner sein „Zimmer" wieder verlässt, fangen Sie ihn mit einem Leckerli ab. Belohnen Sie ihn, solange er in der Box verharrt. Bleibt er weiterhin im Inneren? Dann hat er sich das nächste Leckerchen verdient! Gerne können Sie Ihren Hund in seiner Box auch mal sitzen oder liegen lassen. Achten Sie nur darauf, dass es nicht zu einem Zwang wird, sondern dass er es gern tut. Er soll sich gerne in sein neues „Zimmer" zurückziehen.

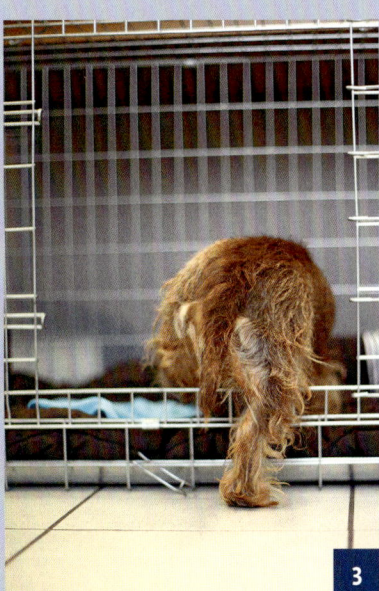

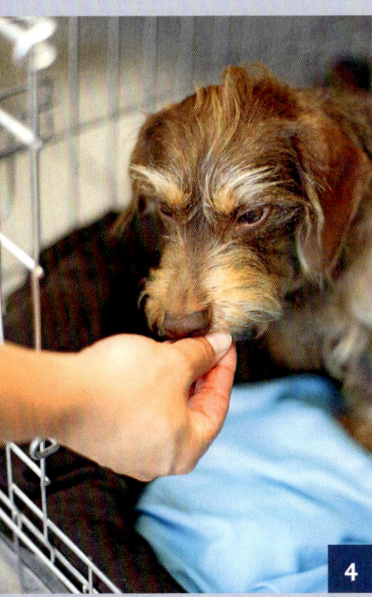

3 Mal sehen, ob mal wieder etwas Leckeres in der Box versteckt ist.

4 Lilly wird belohnt, wenn sie einige Sekunden in der Box verweilt.

Boxentraining II

1 Eine zusätzliche Möglichkeit: Füttern Sie Ihren Hund in seiner Box! Füttern müssen Sie sowieso. Und wenn sich Ihr Hund über sein Futter freut, ist das wieder eine willkommene Möglichkeit, ihm im wahrsten Sinne des Wortes seine Box schmackhaft zu machen. Flitzt Ihr Hund bereits in die Box, sobald Sie seinen Futternapf in Händen halten? Super, dann sind Sie bereit für den nächsten Schritt.
Während Ihr Hund frisst, können Sie die Tür schon mal anlehnen. Ihr Hund sollte aber direkt wieder aus seinem „Zimmer" dürfen, sobald er mit Fressen fertig ist.

2 Knabbert Ihr Hund gerne an einem Kauknochen? Dann lassen Sie Ihren Vierbeiner doch mal in der Box etwas knabbern. Bleibt er entspannt liegen, auch wenn Sie die Tür schon mal anlehnen? Gut, dann beginnen Sie, die Tür auch mal zu schließen. Bleiben Sie zunächst noch im gleichen Raum. Sobald Ihr Hund fertig ist, darf er wieder raus.
Natürlich füttern Sie weiterhin die tägliche Futterration in der Box.

1 Füttern Sie die komplette Futterration in der Box.

2 Ist Ihr Hund längere Zeit mit Kauen beschäftigt, können Sie die Tür auch schon mal verschließen.

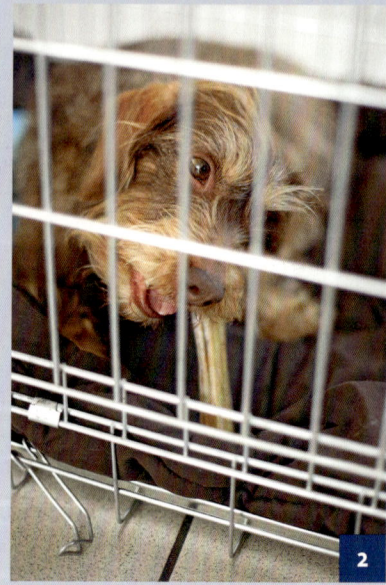

3 Nach und nach können Sie die Zeitdauer verlängern, in der sich Ihr Vierbeiner in der Box befindet. Achten Sie bitte darauf, dass Sie nur im Durchschnitt die Dauer ausdehnen. Mal ist es kürzer, dann auch mal wieder etwas länger. Achten Sie auf eine ordentliche Auslastung Ihres Hundes. Kommt er von einem langen Spaziergang nach Hause, dann kann er gerne auch mal ein Nickerchen an seinem Rückzugsort halten. Zu solchen Gelegenheiten fällt es dem Hund ganz leicht, länger in der Box zu bleiben.

4 Achten Sie darauf, dass Sie Ihren Hund dann aus der Box lassen, wenn er sich ruhig verhält. Sollte es doch einmal passieren, dass Ihr Hund unruhig wird, warten Sie den Moment ab, in dem er sich gerade ruhig verhält. Lassen Sie ihn kommentarlos aus der Box herauskommen. Generell sollte das Öffnen der Tür ohne jede Aufregung erfolgen.

Nun können Sie auch schon mal anfangen, Ihren Hund alleine in seinem „Zimmer" zu lassen. Beginnen Sie mit wenigen Minuten. Ist Ihr Hund aufgeregt, wenn Sie in den Raum zurückkehren und will Sie begrüßen? Ignorieren Sie ihn, bis er sich wieder beruhigt hat. Lassen Sie ihn heraus und begrüßen Sie ihn ohne große Aufregung.

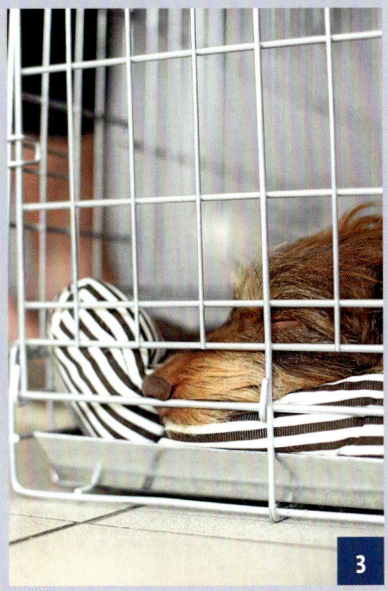

3

4

3 *Verlängern Sie die Zeitdauer, die Ihr Hund in seiner Box verbringt.*

4 *Verhält Lilly sich ruhig, darf sie wieder raus.*

... und wie man sie vermeidet

1 Achten Sie darauf, dass es erst gar nicht so weit kommt, dass Ihr Hund Stress in der Box bekommt. Jammert er doch einmal, lassen Sie ihn genau in dem Moment hinaus, in dem er sich kurz ruhig verhält. Ganz wichtig: Machen Sie die Übung beim nächsten Mal wieder einfacher!

2 Auch bei diesem Hund waren die Trainingsschritte zu groß. Er hat sich ein neues Hobby ausgedacht: Kissen anknabbern. Wählen Sie häufiger einen Kauknochen als Belohnung und steigern Sie die Frequenz der Belohnung. Dann sollte die Übung für Ihren Hund einfacher werden!

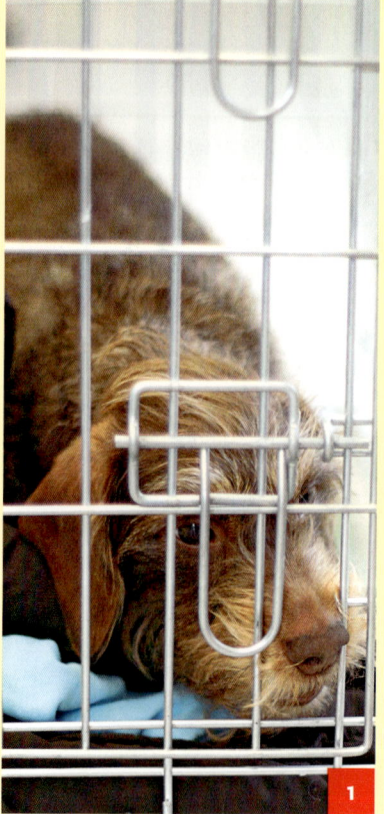

1 *Lilly wird aus ihrer Box gelassen, obwohl sie gerade aufgeregt ist.*

2 *Hier hat sich Paula eine neue Beschäftigung gesucht – Nagen am Hundekissen.*

Was tun, wenn nichts hilft?

- **Trotz aller kreativer Schnüffel-aufgaben macht Ihr Hund immer noch alles kaputt?**
  Wahrscheinlich hat er schon zu lange gelernt, dass es in Ordnung ist, Gegenstände kaputt zu machen. Hier müssen Sie in den sauren Apfel beißen: Müssen Sie Ihren Hund längere Zeit alleine lassen, sollten Sie ihn in einer Hundetagesstätte oder privat unterbringen. Das etablierte Verhalten muss erst einmal gelöscht werden, und das kann schon einige Monate dauern.

- **Ihr Hund beginnt, an seinen Pfoten zu knabbern oder seinen Schwanz zu jagen, und das mittlerweile nicht nur, wenn er allein ist, sondern auch immer häufiger während Ihrer Anwesenheit?**
  Vorsicht!!! Hier handelt es sich nicht um Langeweile! Diesem Verhalten liegt eine krankhafte Ursache zu Grunde! Suchen Sie bitte einen Tierarzt auf!

- **Ihr Hund wirkt wie hyperaktiv, auch oder gerade in Ihrer Anwesenheit. Wenn Besuch kommt, wird es besonders schlimm. Dann ist er völlig überdreht.**
  Auch hier handelt es sich wahrscheinlich nicht um Langeweile. Viele hyperaktive Verhaltensweisen beginnen aufgrund von Aufmerksamkeit heischendem Verhalten. Lesen Sie hierzu ab Seite 10. Sollte alles nicht helfen, suchen Sie sich professionelle Hilfe!

- **Ihr Hund zerstört auch in der Box seine eigenen Gegenstände?**
  Schauen Sie, dass Ihr Hund immer etwas zum Kauen in seinem „Zimmer" hat. Aber Vorsicht: Es sollten nur ungefährliche Gegenstände sein. Sorgen Sie vor, damit sich Ihr Hund in Ihrer Abwesenheit nicht selbst verletzt oder etwas verschluckt. Suchen Sie sich professionelle Hilfe, gerade wenn Ihr Hund generell Probleme hat, zur Ruhe zu kommen.

ZAHNWECHSEL

Ist Ihr Hund vier bis sechs Monate alt und nagt plötzlich alles an, was ihm in den Weg kommt? Finden Sie an seinem Spielzeug immer wieder Blutflecken? Wahrscheinlich ist Ihr Hund im Zahnwechsel. Wie Sie Ihrem Hund diese Phase erleichtern können, erfahren Sie hier!

Der kleine Marley hat sich auf Stuhlbeine spezialisiert.

Hunde kommen ohne Zähne auf die Welt. Im Alter von drei bis vier Wochen beginnen die Milchschneidezähne durchzubrechen. Bis sich das vollständige Milchgebiss entwickelt hat, ist der Welpe sechs Wochen alt. Dann hat er im Ober- und Unterkiefer je sechs Schneidezähne, zwei Fangzähne und sechs Backenzähne. Auch die Milchzähne besitzen vollständig ausgebildete Zahnwurzeln. Unter jedem dieser Milchzähne sitzt ein Zahnkeim, die Anlage des bleibenden Zahns. Fängt dieser Zahnkeim an zu wachsen, übt er Druck auf die Wurzel des Milchzahns aus – sie stirbt ab. Sobald die gesamte Wurzel resorbiert ist, fällt der Milchzahn aus und macht dem bleibenden Zahn Platz. Der Zahnwechsel beginnt bei den Schneidezähnen – sie werden mit vier bis fünf Monaten gewechselt. Nach und nach folgen auch die übrigen Zähne. Bis alle Zähne vollständig sind, ist der Hund etwa sechs bis sieben Monate alt. Das Gebiss eines erwachsenen Hundes besteht aus 42 Zähnen. Im Oberkiefer haben sich nun sechs Schneidezähne, zwei Fangzähne und zwölf Backenzähne entwickelt. Im Unterkiefer sind es sogar 14 Backenzähne. Bei vielen Hunden läuft der Zahnwechsel vollkommen problemlos ab. Wahrscheinlich merken Sie nicht einmal etwas davon. Meist werden die Milchzähne heruntergeschluckt. Manchmal können Sie aber auch mal einen Zahn auf dem Teppich finden.

Junge Hunde benötigen immer etwas zu kauen.

Probleme im Zahnwechsel

Das ist der optimale Verlauf. Bisweilen kommt es jedoch zu Problemen im Zahnwechsel.

Wächst der Zahnkeim des bleibenden Zahns an dem Milchzahn vorbei, wird zu wenig oder kein Druck auf die Zahnwurzel des Milchzahns ausgeübt. Diese kann so nicht resorbiert werden. Die Folge: Der Milchzahn fällt nicht aus, der bleibende Zahn wird in unmittelbarer Nachbarschaft sichtbar. Häufig ist dieser neue Zahn schief durch das Zahnfleisch gebrochen. Gerade Kleinhunderassen haben oftmals dieses Problem.

Sollte Ihnen auffallen, dass neben dem bleibenden Zahn der Milchzahn noch sichtbar ist, bleibt Ihnen ein Gang zum Tierarzt nicht erspart. Häufig ist es erforderlich, den Zahn zu ziehen.

Symptome des Zahnschmerzes

Hat Ihr Vierbeiner Zahnschmerzen, erkennen Sie dies vor allem am erhöhten Kaubedürfnis: Ihr Welpe kaut an allem, was er finden kann. Stuhl- und Tischbeine sind in dieser Phase besonders beliebt. An den Spielsachen Ihres Welpen können Sie Blutflecken entdecken. Häufig sind Hunde in dieser Phase lustlos, schlafen viel und wirken quengelig. Wahrscheinlich frisst Ihr Welpe schlecht und verweigert in dieser Zeit das Trockenfutter. Selten kann es zu Fieber oder zu Durchfall kommen.

Verlagerungen des Zahnkeims entstehen z.B. durch traumatische Einflüsse oder Wachstumsstörungen des Kieferknochens.

Erste Hilfe für den Welpen

Sollte Ihr Hund sein Trockenfutter verweigern, können Sie es ihm in dieser Zeit bedenkenlos einweichen. Stellen Sie ihm Kaumöglichkeiten zur Verfügung. Welche das sein können, erfahren Sie im Praxisteil. Auf Zerrspiele sollten Sie in dieser Zeit verzichten.

Einige Welpen empfinden es als angenehm, wenn man ihnen das entzündete Zahnfleisch massiert. Tun Sie das aber nur, wenn ihr Hund das wirklich gerne toleriert.

Stellen Sie sicher, dass Ihr Welpe keine Gelegenheit findet, Ihre Möbel anzunagen. Können Sie gerade nicht auf ihn aufpassen, setzen Sie ihn mit einem Kauartikel in seine Zimmerbox.

Denn Vorsicht ist geboten: Hat er erst einmal gelernt, dass Nagen Erleichterung und vielleicht auch Abwechslung bringt, dann wird er dieses Verhalten auch später noch zeigen.

Immer wieder kommen Vierbeiner in die Hundeschule, die Gegenstände zerstören. Natürlich kann es sich hier um Trennungsangst oder Langeweile oder vielleicht auch Aufmerksamkeit heischende Verhaltensweisen handeln. Auf Nachfrage erfährt man, dass die Hunde mit diesem Verhalten bereits im Zahnwechsel begonnen haben, sodass es sich hier um ein erlerntes Verhalten handelt.

Natürlich kann dieses erlernte Verhalten dazu benutzt werden, die Aufmerksamkeit auf sich zu ziehen. Wer kann schon ignorieren, wenn das teure Erbstück zerkaut wird?

> *Denken Sie immer daran: Hunde tun nur das, was sich lohnt. Haben Sie erst einmal gelernt, dass das Nagen an Gegenständen angenehm ist, werden sie es auch weiterhin zeigen!*

Häufig haben Hunde gelernt, dass Nagen an Gegenständen Abwechslung bringt.

... Lösung in Sicht: Alternativen schaffen

Wie bei kleinen Kindern im Zahnwechsel, wollen auch Hunde in dieser Entwicklungsphase am liebsten kauen. Im Handel gibt es zahlreiche Kauartikel, die dies problemlos ermöglichen.

1 Achten Sie bei der Wahl der Kauartikel darauf, dass sich Ihr Hund nicht verletzen kann. Splitternde oder sehr harte Kaumöglichkeiten eignen sich daher nicht. Bewährt haben sich Büffelhautknochen. Sobald der Hund sie eingespeichelt hat, werden sie sehr weich und eignen sich gut zum Nagen. Allerdings sollten Sie immer die Kotkonsistenz Ihres Welpen im Auge behalten. Leidet er an Verstopfung, war es zu viel des Guten.

2 Welpen bzw. Junghunde im Zahnwechsel benötigen immer etwas zum Kauen. Arbeiten Sie sonst nach der Devise: Sein Futter muss sich mein Hund aus der Hand verdienen und Spielzeug gibt es nur in Zusammenhang mit mir? Dann kommt jetzt die Ausnahme: In dieser Situation darf und muss der Hund auch mal etwas zur Verfügung gestellt bekommen, ohne es sich verdienen zu müssen. Achten Sie zu dieser Zeit bei den Leckerchen darauf, dass sie gut und leicht geschluckt werden können. Harte Bröckchen werden wahrscheinlich verweigert und tragen zu diesem Zeitpunkt eher weniger zur Motivation bei.

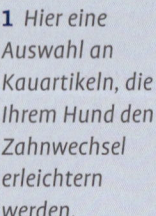

1 Hier eine Auswahl an Kauartikeln, die Ihrem Hund den Zahnwechsel erleichtern werden.

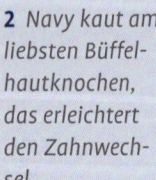

2 Navy kaut am liebsten Büffelhautknochen, das erleichtert den Zahnwechsel.

3 Sie möchten Ihrem Hund nicht so gerne Kauknochen geben? Kein Problem! Im Handel gibt es mittlerweile zahlreiche Alternativen. Viele Spielzeuge lassen sich mit Futter füllen oder haben eine attraktive Geschmacksrichtung, die Hunde gerne nagen lassen. Auch Taue sind unter Umständen geeignet. Hierbei sollten Sie nur darauf achten, dass Ihr Vierbeiner die einzelnen Fäden nicht verschluckt. Diese führen eventuell zu einer Abschnürung von Darmteilen und dann hilft nur noch eine Operation.

4 Für alle Varianten gilt: Halten Sie Ihren Hund möglichst unter Beobachtung. Wenn Sie ihn allein lassen, achten Sie darauf, dass er nur bedenkenlose Kauartikel zur Verfügung hat. Gerade bei Spielzeugen besteht immer wieder die Gefahr, dass Teile geschluckt werden. Also: Haben Sie bitte immer ein Auge auf Ihren Hund!

3 *Auch einige Spielzeuge sind zum Kauen geeignet.*

4 *Wo bleibt mein Spielzeug? Ob sich dieser Welpe gleich etwas anderes sucht?*

Auf frischer Tat ertappen

Auch wenn Sie noch so viel aufpassen, wird es passieren, dass Sie Ihren Hund auf frischer Tat ertappen, wenn er gerade ein Möbelstück annagt. Was nun?

1 Unsere Hunde haben keine Moralvorstellungen. Wenn sie etwas zum Nagen benötigen, nehmen sie eben das Nächstbeste, das ihnen vor die Schnauze kommt. Das kann durchaus der teure Teppich oder das Stuhlbein eines Sammlerstückes sein. Was können Sie in dieser Situation tun? Schimpfen hilft meist nur wenig. Das einzige, was er merkt, ist, dass Sie schlechte Laune haben. Aber er verknüpft das eher selten mit seinem Verhalten.

2 Gute Dienste erweist in dieser Situation eine sogenannte Hausleine. Das ist ein zwei bis drei Meter langes Stück Schnur. Diese wird am Halsband befestigt. Achten Sie darauf, dass sich am Ende keine Schlaufe befindet, damit Ihr Hund nirgendwo hängen bleiben kann.
Erwischen Sie Ihren tierischen Mitbewohner dabei, wie er gerade zu seinem Lieblingstischbein laufen will? Dann treten Sie einfach auf die Leine, sodass er nicht an das Objekt seiner Begierde kommt. Lässt er ab und schlägt er eine andere Richtung ein? Lassen Sie die Leine wieder los.

1 Na also: Zur Not tut es auch ein Schuh von Frauchen.

2 Eine Hausleine kann viele Unannehmlichkeiten verhindern.

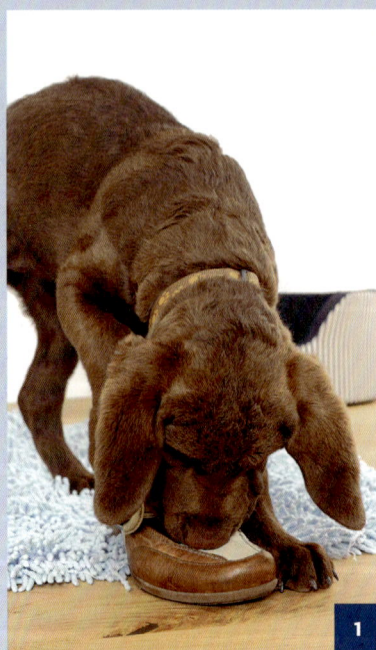

3 Schnappen Sie sich die Hausleine und sorgen Sie für eine Auszeit. Geeignet ist hierfür außer der Zimmerbox die Gästetoilette. Alternativ können Sie Ihren Vierbeiner auch einfach anbinden. Sobald er sich ruhig verhält, darf er wieder los.

Sie fragen sich, warum eigentlich eine Hausleine? Dann versuchen Sie mal Ihren Welpen zu erwischen, wenn er Blödsinn macht. Genau. Er macht ein tolles Nachlaufspiel mit Ihnen. Bis Sie ihn dann endlich haben, wird er seine Auszeit bestimmt nicht mehr mit dem unerwünschten Nagen verknüpfen.

4 Auf dem Liegeplatz, in der Gästetoilette oder in der Zimmerbox darf es dann eine Alternative zum Kauen geben. Ihr Hund soll lernen, dass es erwünscht ist, wenn er an seinen eigenen Kaugegenständen nagt. Er sollte aber genauso lernen, dass es verboten ist, sich an Ihrem Eigentum auszulassen.

Was Sie nicht tun sollten: Locken Sie ihn nicht mit der Alternative – dem Kauknochen – vom Stuhlbein weg. Warum nicht? Was lernt Ihr Liebling denn in diesem Fall? Wenn ich einen Kauknochen möchte, muss ich nur am Stuhlbein nagen, schon bringt mein Besitzer mir etwas Leckeres!

3 Auszeit! Navy wird in seine Box gebracht.

4 Auf dem Liegeplatz gibt es dann eine angenehme Kau-Alternative.

FEHLER ...

... und wie man sie vermeidet

1 Kommt es zu einem Nachlaufspiel zwischen Ihnen und Ihrem Halbstarken, dann kann er die Auszeit nicht mehr mit seiner Handlung verbinden. Eine Verknüpfung findet nur statt, wenn zwischen Ereignis und Konsequenz höchstens ein bis zwei Sekunden liegen. Verwenden Sie keine Hausleine, sind Sie meist viel zu spät.

2 Finden Sie für Ihren Hund einen Kauartikel, der ihm wirklich Erleichterung verschafft. Ist das Spielzeug oder der Knochen zu hart, wird er nicht gerne darauf kauen und sich wieder etwas anderes suchen. Und das könnte für Sie nicht von Vorteil sein!

1 Das passiert ohne Hausleine – ein tolles Nachlaufspiel.

2 Ist die Alternative nicht spannend genug, wird Ihr Hund doch wieder das Stuhlbein bevorzugen.

Was tun, wenn nichts hilft?

■ **Trotz aller Art von Kauartikeln geht Ihr Hund immer noch an die Möbel.**

Denken Sie immer daran: Ihr Hund tut nur das, was sich lohnt! Offensichtlich hat er immer noch einen Vorteil davon, an den Möbeln zu nagen. Hand aufs Herz, sind Sie wirklich konsequent?

■ **Ihr Hund möchte nichts fressen, weder sein Futter, noch eingeweichtes Fressen oder seinen Kauknochen.**

Gehen Sie mit Ihrem Hund zum Tierarzt. Möglicherweise läuft der Zahnwechsel mit Problemen ab? Schauen Sie ihm mal ins Mäulchen. Finden Sie irgendwelche Milchzähne, die nicht ausfallen möchten?

■ **Ihr Hund kaut nicht nur an Möbeln, sondern auch an Ihren Händen oder Füßen?**

Ihr Hund muss seine Beißhemmung bei Ihnen lernen. Sobald Ihr Hund Sie oder auch Ihre Kleidung beißt, sagen Sie „Autsch" und ignorieren ihn. Jegliche Interaktion wird eingestellt. Hört er immer noch nicht auf, bekommt Ihr Welpe eine Auszeit – genauso wie bereits zuvor beschrieben. Denken Sie daran: Seien Sie konsequent, ansonsten trainieren Sie Ihren Hund in die Ausdauer!

■ **Bei meinem Hund ist der Zahnwechsel schon lange abgeschlossen. Trotzdem kaut er immer noch auf Gegenständen herum.**

Ihr Hund hat gelernt, dass es Erfolg bringt, Gegenstände zu benagen. Sei es, weil er Aufmerksamkeit dafür bekommt. Oder weil er gelernt hat, dass dies eine tolle Beschäftigungsmöglichkeit darstellt. Wahrscheinlich kommen Sie um professionelle Hilfe nicht mehr herum.

Ob dieses Spielzeug geeignet ist, darauf herumzunagen?

TRENNUNGSANGST

Wie sieht ein Hund aus, der wirklich Trennungsangst hat? Wieso entwickeln manche Hunde Trennungsprobleme? Mehr dazu finden Sie in diesem Kapitel.

Gerade Welpen folgen einem zu Beginn auf Schritt und Tritt. Das hat natürlich eine biologische Ursache: Ein Welpe, der in der Natur allein ist, lebt in großer Gefahr und ist ganz schnell ein toter Welpe.

Hunde sind sozial lebende Tiere. Ohne ihre soziale Gruppe sind sie auf Dauer nicht überlebensfähig. Auch unsere Haushunde haben dieses Verhalten noch in ihren Genen.

Manche Welpen lernen wie von selbst, allein zu bleiben. Sie ziehen sich freiwillig und gerne an ihre Schlafplätze zurück, an denen sie sich geborgen fühlen und an denen sie genügend Sicherheit finden. Dagegen muss man andere Hunde schrittweise an das Alleinsein gewöhnen. Findet dieses Training nicht statt oder werden während des Trainings Fehler gemacht (welche Fehler die Klassiker sind, werde ich später noch beschreiben) kann beim erwachsenen Hund ein Trennungsangstproblem auftreten.

Symptome der Trennungsangst

Hunde mit Trennungsangst zeigen beim Weggehen des Besitzers bzw. in der ersten halben Stunde nach Verlassenseins Stresssymptome. Häufig bleiben diese während der gesamten Dauer des Alleinbleibens bestehen.

Es gibt drei Komplexe von Symptomen, die für Trennungsangstprobleme typisch sind. Sie können unabhängig voneinander auftreten, aber auch in Kombination gezeigt werden:

Bellen, jaulen, heulen
Dieses Verhalten zeigen Hunde, um Kontakt mit dem Besitzer aufzunehmen. Manche Hunde bellen, jaulen oder heulen nur kurz nach dem Verlassen und beim Wiedereintreffen des Besitzers. Einige Vierbeiner zeigen es aber auch über die gesamte Zeitdauer hinweg. Das kann durchaus auch ohne Unterbrechung sein.

Zerstören von Gegenständen
Manche Hunde versuchen, ihren Besitzern nach draußen zu folgen und richten dabei durchaus nicht unerhebliche Schäden im Bereich der Haustür oder des Fensters an. Dann wiederum gibt es Exemplare, die in Sitzmöbeln oder

Betten graben, bis hin zur kompletten Verwüstung. Hierbei können sich die Hunde auch selbst Schäden zufügen, z.B. Schnittwunden, abgebrochene Nägel …

Ist dieser Symptomkomplex der einzige, der gezeigt wird, ist eine Abgrenzung gegenüber Langeweile wichtig. Hunde, denen langweilig ist, nehmen wahllos alles, was sie finden können auseinander. Vierbeiner mit Trennungsangst bevorzugen persönliche Gegenstände des Besitzers, das Sofa oder Bett, Gegenstände oder Jacken an der Garderobe …

Unsauberkeit

Teilweise verlieren die Hunde die Kontrolle über ihre Schließmuskeln, werden unsauber oder sabbern so stark, dass der gesamte Fußboden glitschig und nass ist.

In Einzelfällen kann es auch zu selbstzerstörerischem Verhalten kommen. So gibt es z.B. Hunde, die so massiv an den Pfoten lecken, bis diese wund sind. Zeigt der Hund einen oder mehrere dieser Symptomkomplexe und zeigt er ihn vor allem **jedes Mal**, wenn er alleine zu Hause ist, kann man davon ausgehen, dass es sich um ein Trennungsangstproblem handelt.

Hunde mit Trennungsproblemen suchen Orte auf, die nach ihrem Mensch riechen.

Erste Maßnahmen

Erst einmal sollte der Hund während des Trainingszeitraums nicht allein gelassen werden. Schon gar nicht dort, wo das Alleinbleiben nachher sicher funktionieren soll! Wurde der Hund schon allein gelassen, obwohl er eine Trennungsangstsymptomatik zeigt, befindet er sich wie in einer Art Teufelskreis. Mit jedem Mal, in dem er wieder allein gelassen wird, geht es ihm noch schlechter und er ist noch gestresster. Also suchen Sie sich einen Hundesitter, nehmen Sie Ihren Vierbeiner mit zur Arbeit, vielleicht finden Sie ja auch eine passende Hundepension. Aber lassen Sie ihn auf keinen Fall allein!

Geben Sie Ihrem Hund einen sicheren Liegeplatz, an dem er sich auch in Ihrer Abwesenheit entspannen kann. Wie man solch ein Liegeplatztraining gestaltet, lesen Sie auf Seite 15.

Wenn Ihr Hund sich alleine so entspannen kann, haben Sie es geschafft.

In Zukunft gibt es keine emotionalen Verabschiedungs- und Begrüßungsszenen mehr! Das vermittelt nämlich dem Vierbeiner (und wahrscheinlich auch dem Besitzer) das Gefühl: Allein zu bleiben ist etwas ganz Besonderes. Durch diese überschwänglichen Verhaltensweisen wird sich Ihr Hund jedes Mal ohne Grund aufregen. Also – auch wenn es schwer fällt: Verlassen Sie bitte kommentarlos das Haus, und kommen Sie auch genauso kommentarlos wieder nach Hause. Ihr Hund hat Sie trotzdem noch genauso lieb. Übrigens verabschieden sich Hunde auch nicht voneinander. Für Ihren Hund ist das also nicht unhöflich!

Bestrafen Sie Ihren Hund nicht! Auch nicht, wenn Sie nach Hause kommen und er wieder alles verwüstet hat. Verwenden Sie keine Sprühhalsbänder, die ein Bellen bestrafen. Ihr Hund zeigt die Verhaltensweisen aus Angst – Bestrafung ist hier fehl am Platz.

Medikamentöse Unterstützung

In Einzelfällen ist zusätzlich eine medikamentöse Behandlung sinnvoll. Beispielsweise in Situationen, in denen der Stresslevel des Hundes so hoch ist, dass ein Trainingserfolg ansonsten nicht oder nur sehr langsam möglich ist. Auch in Fällen, in denen ein schneller Trainingserfolg erzielt werden muss, sollten Sie über eine medikamentöse Unterstützung nachdenken.

Dies kann aber immer nur eine Unterstützung sein, ohne ein Verhaltenstraining werden Sie keinen Erfolg haben. Hinzu kommt, dass die meisten Medikamente nicht unerhebliche Nebenwirkungen haben und eventuell das Lernen verhindern.

INFO

In schwierigen Fällen sollten Sie sich auf jeden Fall an einen auf Verhaltenstherapie spezialisierten Tierarzt wenden. Dieser kann Sie adäquat beraten und mit Ihnen und Ihrem Hund ein individuelles Training ausarbeiten.

„Bitte lass mich nicht alleine" – dieser Hund zeigt deutliche Stressanzeichen.

... Lösung in Sicht: Abbau bekannter Aufbruchsignale

1 Haben Sie Ihren Hund schon mal allein gelassen, obwohl er Trennungsprobleme hat? Reagiert er bereits, wenn Sie Vorbereitungen treffen, das Haus zu verlassen? Dann reicht es nicht aus, das Alleinsein neu aufzubauen. Auf welche Handlungen reagiert Ihr Hund, wenn Sie das Haus verlassen? Ist es das Ergreifen der Schlüssel, das Anziehen der Jacke? Jeder Mensch hat ein bestimmtes Ritual, das er abspult, bevor er das Haus verlässt. Vielleicht ist er noch ganz entspannt, wenn Sie vom Schreibtisch aufstehen, wird aber nervös, wenn Sie sich umziehen? Alle diese Einzelheiten müssen Sie aufschreiben und nach und nach „löschen".

2 Jedes der ermittelten Aufbruchsignale muss seine Bedeutung verlieren. Wie Sie das hinbekommen? Sie beginnen mit dem ersten Signal auf Ihrer Liste: Nehmen wir das Anziehen der Jacke. Für unser Training ziehen Sie die Jacke an, laufen einen Moment damit in der Wohnung umher oder setzen sich kurz aufs Sofa. Das machen Sie so oft wie möglich, mindestens aber zehn Mal am Tag. Ist Ihr Hund hierbei aufgeregt, bellt, rennt zur Tür oder hält Sie am Arm? Bitte ignorieren Sie ihn. Reagiert er nicht mehr auf das Anziehen der Jacke, haben Sie dieses Signal erfolgreich gelöscht. Dann geht es ans nächste Aufbruchsignal.

1 *Viele Hunde reagieren auf den Schlüssel als bekanntes Aufbruchsignal.*

2 *Ziehen Sie häufiger Ihre Jacke an, ohne dass Sie das Haus verlassen.*

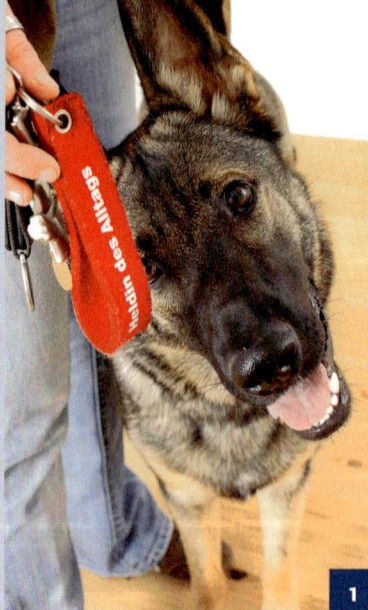

3 Denken Sie daran, dass Sie erst mit dem nächsten Aufbruchsignal anfangen, wenn das zuvor trainierte Signal gelöscht ist. Achten Sie darauf, dass Sie den Hund nicht explizit darauf aufmerksam machen: „Schau mal, ich zieh mir die Jacke an!" Integrieren Sie die Übungen einfach in den Alltag. Sobald Sie an der Jacke vorbeikommen, ziehen Sie sie eben an! Verreisen Sie viel? Dann reagiert Ihr Hund vielleicht auch schon beim Kofferpacken. Auch so etwas muss geübt werden.

4 Haben Sie alle Aufbruchsignale auf Ihrer Liste abgearbeitet? Dann setzen Sie nach und nach Ihr „Weggehritual" wieder zusammen. Ziehen Sie sich beispielsweise die Schuhe und die Jacke an und wiederholen jetzt beides zusammen wieder mehrere Male am Tag. Reagiert Ihr Hund nicht, dann kommt das Nächste: Nehmen Sie beispielsweise den Schlüssel in die Hand. Als nächstes üben Sie also: Jacke anziehen – Schuhe anziehen – Schlüssel in die Hand nehmen. Das üben Sie so lang, bis Ihr Vierbeiner nicht mehr reagiert. Irgendwann können Sie sich wieder ganz normal fertig machen, ohne dass Ihr Hund aufgeregt ist.

3 Auch das Packen der Koffer kann ein Aufbruchsignal sein.

4 Setzen Sie alle gelöschten Aufbruchsignale wieder zusammen.

Neuaufbau des Alleinbleibens

1 In vielen Fällen ist ein Liegeplatz-training sinnvoll. Der Liegeplatz sollte dem Hund Sicherheit bieten. Statt einem Kissen oder Deckchen können Sie auch eine Zimmerbox verwenden, über die Sie auf Seite 24 mehr erfahren. Zusätzlich können Sie mit Pheromonen arbeiten, z.B. mit dem sogenannten Dog Appeasing Phero-mone (D.A.P.®). Dies ist ein synthetisch hergestellter Geruchsstoff, der normalerweise von der Mutterhündin in den ersten Tagen nach der Geburt am Gesäuge gebildet wird und beruhigende Eigenschaften auf die Welpen besitzt. Und was bei Welpen hilft, funktioniert in der Regel auch beim erwachsenen Hund!

2 Belohnen Sie in Zukunft immer, wenn sich Ihr Vierbeiner auf dem Liegeplatz entspannen kann. Geben Sie ihm doch mal einen leckeren Kauknochen, wenn er sich freiwillig an diesen Platz zurückzieht. Und nun beginnt der schrittweise Neuaufbau des Alleinbleibens. Erst bewegen Sie sich nur im Raum, gehen immer wieder zu Ihrem Hund zurück und belohnen ihn für ruhiges Verhalten. Sollte er dabei gemütlich liegen bleiben, gehen Sie auch einmal in Richtung Zimmertür, bleiben aber in Sichtweite. Achten Sie darauf, dass das Training nicht gestellt erscheint. Versuchen Sie es in den Alltag zu integrieren.

1 Ein für den Hund sicherer Liegeplatz ist die Grundlage für das Training.

2 Liegt Ihr Vierbeiner entspannt, beginnen Sie, sich im Raum zu bewegen.

3 Schafft Ihr Hund es, auch jetzt noch entspannt zu bleiben, dann gehen Sie in Richtung Tür. Öffnen Sie die Tür und schließen sie wieder, ohne hinauszugehen. Üben Sie auch das wieder so lange, bis Ihr Hund nicht mehr reagiert. Belohnen Sie ihn immer wieder für ruhiges Verhalten. Nun übertreten Sie die Türschwelle, gehen ein bis zwei Sekunden außer Sichtweite und kehren wieder zu Ihrem Hund zurück. Dieses Spiel machen Sie, bis Sie sich schon zehn Minuten im Nachbarzimmer aufhalten können. Ganz wichtig: Die Trainingsschritte sollten ganz klein gestaltet sein.

4 Schafft es Ihr Hund, ruhig zu bleiben, während Sie sich zehn Minuten im Nachbarzimmer aufhalten? Dann können Sie so langsam auch anfangen, das Verlassen der Wohnungstür in Angriff zu nehmen. Achten Sie auch hier wieder auf die kleinen Schritte. Was macht Ihr Hund, wenn Sie die Wohnungstür in die Hand nehmen? Wird er nervös? Dann beginnen Sie einen Schritt vorher und gehen nur in Richtung Wohnungstür. Geht das? Dann trainieren Sie so lange das Öffnen der Wohnungstür, bis Ihr Hund entspannt bleibt. Die nächsten Trainingsschritte sind ähnlich wie oben beschrieben. Achten Sie darauf, dass Sie nicht sofort zum Hund gehen, sobald Sie das Zimmer betreten.

Auch, wenn es mühselig klingt: Sie schaffen das! Hat Ihr Hund erst einmal eine halbe Stunde bis eine Stunde geschafft, sind Sie aus dem Gröbsten heraus. Danach sollte es keine Probleme mehr geben!

3 Gehen Sie in Richtung Zimmertür und öffnen Sie diese.

4 Beachten Sie Ihren Hund zunächst nicht, wenn Sie das Zimmer wieder betreten.

... und wie man sie vermeidet

1 Passen Sie auf, dass Sie für den Hund keine neuen Aufbruchsignale aufbauen, die das Alleinbleiben ankündigen. Dies könnte zum Beispiel sein: Es gibt nur und immer einen Kauknochen, wenn der Hund allein bleiben soll. Oder: Es läuft nur Musik während des Alleinbleibens. Fernseher oder Radio können nur dann helfen, wenn sie sowieso schon den ganzen Tag laufen, ansonsten sind sie kontraproduktiv!

2 Vermeiden Sie zu große Trainingsschritte. Ist Ihr Hund plötzlich nicht mehr entspannt, waren Sie im Training zu schnell. Gehen Sie lieber auf Nummer sicher und steigern Sie die Anforderungen nur langsam. Kann ihr Hund sich schon entspannt verhalten, wenn Sie zehn Minuten weg sind? Das ist zwar gut. Trotzdem gehen Sie auch mal wieder nur bis zur Tür und kommen wieder zurück.

1 Aufbau eines neuen Schlüsselreizes: Der Fernseher wird angestellt.

2 Hier sind die Trainingsschritte zu groß: Es kehrt doch wieder Unruhe ein!

Was tun, wenn nichts hilft?

■ **Trotz des ganzen Trainings kann Ihr Hund unterscheiden, wann Sie nur üben und wann es ernst wird?**
Bauen Sie neue Abschiedsrituale auf. Sie brauchen zwei: Eines, das dem Hund sagt, er darf mit, und eines, das Sie im Training verwenden, wenn Ihr Hund allein bleiben soll. Dies kann etwas sein wie „Du bleibst hier". Das mag relativ emotionslos wirken, soll es aber auch. Nach diesem Signal ignorieren Sie Ihren Vierbeiner. Gehen Sie also zur Tür, er geht hinterher, sagen Sie „Du bleibst hier" und ignorieren Sie ihn – ohne den Raum zu verlassen. Ziel ist es, dass Ihr Hund nur noch kurz den Kopf hebt, wenn Sie sein neues Signal sagen.

■ **Sie haben Ihren Hund aus dem Tierheim. Trotz des Trainings bleibt er nicht allein.**
Passen Sie auf, wenn Sie einen Hund bereits mit dem Vorbehalt bekommen: „Kann nicht allein bleiben." In der Regel stimmt das. Vielleicht hat der Hund ein traumatisches Erlebnis durchmachen müssen oder sogar mehrere. Oder er lebte bei einer alten Dame, die immer da war. Ist es zudem ein älterer Hund, kann das Training durchaus mühsam werden. Achten Sie hier besonders auf kleine Übungsschritte. Manchmal kann es bis zu einem Jahr dauern, bis Sie einen Trainingserfolg sehen!

■ **Ihr Hund verstümmelt sich selbst, wenn er allein bleibt?**
Suchen Sie sich einen auf Verhaltenstherapie spezialisierten Tierarzt! Hier ist unbedingt der Rat eines Fachmannes erforderlich. Die Ursachen des Verhaltens – stressbedingt oder eine krankhafte Ursache – müssen abgeklärt und behandelt werden, sonst kann ein Training nicht zum Erfolg führen!

IHR HUND WIRD ZUM SENIOR

Ihr Hund hatte nie ein Problem mit dem Alleinsein? Jetzt ist er in die Jahre gekommen und plötzlich hat er Trennungsangst entwickelt? Warum das so ist, können Sie auf den nächsten Seiten nachlesen.

Durch die immer besser werdende tiermedizinische Versorgung werden unsere Haustiere immer älter. Symptome, die früher wenig aufgefallen sind, werden nun immer deutlicher. Bei meinem eigenen Hund kann ich feststellen, dass sich sein Verhalten mit zunehmendem Alter verändert hat. War er in jungen Jahren eine ziemlich eigenständige Fellnase, der gerne jeden Quatsch mitgemacht hat, wird er nun zunehmend anhänglicher: Er tappert mir in der Wohnung überall hinterher und findet es nicht in Ordnung, allein gelassen zu werden. Dieses Phänomen findet man übrigens häufig bei alternden Hunden: Sie wollen immer dabei sein. Warum ist das so?

Alterserscheinungen

Auch beim Hund nehmen ähnlich wie beim Menschen im Alter die Sinnesleistungen ab: Er sieht und hört nicht mehr gut, vielleicht muss er Herzmedikamente nehmen und wird von Arthrosen geplagt. Diese Probleme können unsere Vierbeiner verunsichern. Das allein reicht aus, um ein Trennungsproblem zu entwickeln. Sollte Ihr Hund plötzlich Probleme beim Alleinbleiben zeigen, gehen Sie zum Tierarzt und lassen ihn klinisch durchchecken. Für viele Erkrankungen im Alter gibt es gute Behandlungsmöglichkeiten.

Natürlich kann auch ein Hundesenior wieder lernen, allein zu Hause zu bleiben. Allerdings muss erst die Ursache behoben werden, sodass ein stressfreies Lernen für Ihren Hund möglich ist. Dies sind erst einmal „normale" Alterserscheinungen. Was mache ich aber, wenn sich mein Hund plötzlich wirklich seltsam benimmt?

Beginnende Demenz

Ist Ihr Hund allgemein ängstlicher geworden? Ihr Hunde beginnt nachts unruhig umherzuwandern, zerstört Dinge, wird stubenunrein, zeigt also die Symptome einer Trennungsangst? Tagsüber bleibt er jedoch problemlos allein?

Möglicherweise beginnt Ihr Hund, dement zu werden. Eine Vielzahl an Symptomen können auftreten. Manche Tiere bellen oder jaulen monoton über Stunden hinweg. Im Gegensatz zum normalen Bellen unserer Haushunde hört sich dieses Bellen ganz

INFO

Aus tiermedizinischer Sicht spricht man von kognitiver Dysfunktion. Abbauprozesse im Gehirn gehen vonstatten, die der Alzheimer-Krankheit des Menschen ähneln.

Hundesenioren können plötzlich im Alter beginnen, Probleme beim Alleinsein zu entwickeln.

anders an. Es ist sehr gleichförmig, es ist wirklich ein wau, wau, wau, wau – ohne große Unterschiede in der Tonlage oder der Intensität des Bellens. Dagegen erkennen manche Hunde plötzlich Ihre Besitzer nicht mehr und reagieren mit Angst oder aggressivem Verhalten. Dann gibt es Hunde, die desorientiert werden, Türen nicht mehr finden oder einfach stundenlang gegen eine Wand starren. Manche älteren Hunde schlafen nur noch wenig, wandern häufig umher und kommen nicht zur Ruhe. Bei manchen Vierbeinern entwickeln sich auch stereotype Verhaltensweisen. Allerdings gibt es auch Hundesenioren, die vermehrt schlafen und immer weniger aktiv sind.

Bei dementen Hunden können einzelne bis mehrere der genannten Symptome auftreten.

Früherkennung ist das A und O

Leidet ein Hund, der dement wird? Diese Frage lässt sich klar verneinen. Häufig ist ein dementes Tier aber für seinen Besitzer sehr anstrengend. Diese Hunde werden nach und nach zu Pflegefällen und schränken den Alltag des Hundehalters häufig ein. Möglicherweise können diese Hunde nicht mehr allein gelassen werden. Auch ist es möglich, dass sie Kot und Urin nicht mehr bei sich halten können.

Sollten Sie den Verdacht haben, dass Ihr Hund dement wird, dann gehen Sie sofort zum Tierarzt und teilen Sie ihm Ihren Verdacht mit. Eine ausführliche neurologische Untersuchung kann helfen, eine sichere Diagnose zu finden.

Auch dementen Hunden kann medikamentös geholfen werden. Zwar kann man Demenz nicht heilen, aber zumindest den Prozess verlangsamen. Auf den folgenden Trainingsseiten finden Sie zusammengefasst, wie Sie Ihrem älter werdenden Vierbeiner den Alltag erleichtern können. Auch sind einige Tipps genannt, die helfen, den vierbeinigen Rentner altersgerecht körperlich und geistig auszulasten.

Im Endeffekt liegt es in Ihrer Verantwortung, herauszufinden, ob das Leben Ihres Vierbeiners noch lebenswert ist. Solange die elementaren Grundfunktionen wie Fressen, Schlafen, Ausscheiden noch klappen, Ihr Hund

AHA!

Generell sollten Sie mit Ihrem Hundesenior mindestens einmal im Jahr zu einem ausführlichen Gesundheitscheck zum Tierarzt gehen, um Alterserscheinungen frühzeitig entgegenzuwirken.

zum Schmusen zu Ihnen kommt und er noch selbstständig Körperpflege betreiben kann, ist sicherlich alles noch im grünen Bereich.

In schwierigen Fällen hilft Ihnen auch der behandelnde Tierarzt bei der Entscheidung. Bis dahin genießen Sie die verbleibende Zeit und lesen Sie nach, wie Sie Ihren Hundesenior noch ein bisschen bespaßen können!

Demente Hunde verlieren nicht selten ihre Stubenreinheit.

... Lösung in Sicht: Beschäftigungsprogramm für den Oldie

1 Gerade bei älter werdenden Hunden sollten Sie darauf achten, dass Sie mindestens einmal im Jahr einen gründlichen tierärztlichen Gesundheits-Check erhalten. Neben dem Bewegungsapparat liegt hier ein besonderer Augenmerk auf dem Herz-Kreislaufsystem. Auch ein Blutbild sollte nicht fehlen. Hat Ihr Hund bereits Symptome, die auf eine beginnende Demenz hindeuten, werden Sie sich auf häufigere Tierarztbesuche einstellen müssen. Gerade wenn der Hund medikamentös eingestellt werden muss, ist eine engmaschige Kontrolle empfehlenswert.

2 Nehmen Sie Rücksicht auf die sich verändernden Bedürfnisse Ihres Hundes. Er ist eben kein junger Hüpfer mehr! Etablieren Sie feste Rituale in Ihren Alltag. Es gibt z.B. immer zur selben Zeit das Futter. Die Spaziergänge sind immer zur gewohnten Uhrzeit. Eventuell wählen Sie auch ähnliche oder gleiche Strecken. Gestalten Sie die Spaziergänge ruhig und gemütlich und achten Sie auf Erschöpfungserscheinungen Ihres Seniors. Eventuell müssen die Gassigehrunden leider in Zukunft kürzer ausfallen.

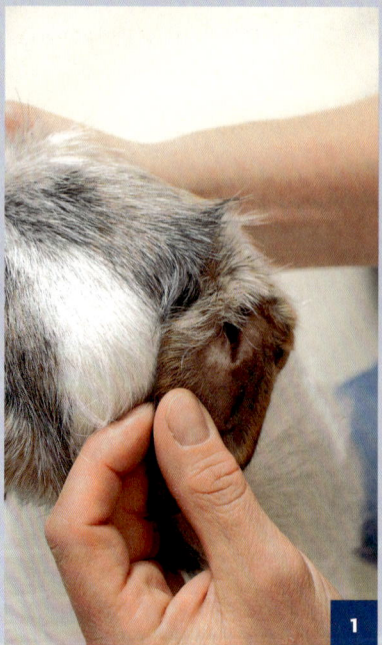

1 *Sorgen Sie für eine optimale tierärztliche Versorgung.*

2 *Feste Gassigehzeiten und Rituale können helfen, Ihrem Oldie den Alltag zu erleichtern.*

3 Machen Sie Gedächtnistraining mit Ihrem Hund. Auch in der gewohnten Umgebung können Sie ihn einfach beschäftigen. Hier können die grauen Zellen ruhig noch etwas rauchen! Es gibt viele Geschicklichkeitsspiele, die von den Hundeoldies gut gelöst werden können. Auch einige Suchspiele lassen sich drinnen leicht arrangieren.

4 Haben Sie einen Hund, der immer viel Sport getrieben hat und nun in die Jahre gekommen ist? Stellen Sie ihn nicht aufs Abstellgleis. Viele Tricks können auch im fortgeschrittenen Alter noch erlernt und ausgeführt werden. Sportarten wie Agility oder Obedience können durchaus auch auf einen Hundesenior zugeschnitten werden. Aber Vorsicht: Lassen Sie sich bitte erst das Okay Ihres Haustierarztes geben, bevor Sie loslegen. Er kann Ihnen weiterhelfen, was Ihrem Vierbeiner noch zuzumuten ist. Ihr Senior wird es Ihnen danken!

3 *Kleine Denkaufgaben trainieren die Gedächtnisleistungen Ihres Hundes.*

4 *Hunde, die in ihrem Leben viel gearbeitet haben, sollten auch im Alter in Maßen Hundesport machen dürfen.*

Alltag mit dem Senior

1 Vermeiden Sie Unruhe und Hektik. Auch fremde Umgebungen sind für ältere Hunde schwierig zu verarbeiten. Möglicherweise wird er orientierungslos und findet sich nicht zurecht. Wägen Sie ab, ob Sie Ihren Vierbeiner mit in Urlaub nehmen oder er eher von bekannten Personen betreut wird. Denn auch ein Aufenthalt in einer Hundepension kann für den Senior zu viel Stress bedeuten. Vor allem kann hier der gewohnte Tagesablauf nur schlecht eingehalten werden.

2 Achten Sie darauf, dass die Spaziergänge in Zukunft eher etwas kürzer ausfallen, dafür mehrmals am Tag. In die Jahre gekommene Hunde können häufig den Harn nicht mehr so lange anhalten wie ihre jüngeren Kollegen. Dies macht zusätzliche „Pinkelpausen" erforderlich.
Auch wenn Sie immer die gleichen Spaziergänge wählen, können Sie hier Ihren Hund ruhig beschäftigen. Kleine Suchspiele oder Koordinationsübungen wie über einen Baumstamm balancieren können dem Oldie helfen, körperlich und geistig fit zu bleiben.

1 Ältere Hunde wie Abby brauchen einen ruhigen Alltag – vermeiden Sie Umgebungswechsel.

2 Seniorhunde brauchen häufiger Gelegenheiten, sich zu lösen.

3 Auch das Alleinbleiben kann beim älteren Hund ein Problem werden. Mein eigener Hund hat eine viel stärkere Bindung aufgebaut, seit er in die Jahre gekommen ist. Dies macht auch das Reisen schwierig. In der Regel kommen ältere Hunde lieber mit, anstatt zu Hause zu bleiben. Wägen Sie aber bitte ab, ob die Umstände das erlauben! Denn das Alleinbleiben in einer fremden Umgebung wie in einem Hotelzimmer ist für Ihren Hund möglicherweise schlimmer, als wenn er zu Hause geblieben wäre. Suchen Sie sich Betreuungspersonen, die Ihr Hund bereits gut kennt. Das wird ihm das Alleinbleiben erleichtern!

4 Viele Hunde werden im Alter anhänglicher und fordern mehr Streicheleinheiten. Geben Sie Ihrem Hund ruhig, was er braucht. Bestimmte Massagetechniken wie Tellington Touch können den Hund zusätzlich beruhigen und entspannen.
Vielleicht fordert er ja sogar hin und wieder ein Spiel ein!

3

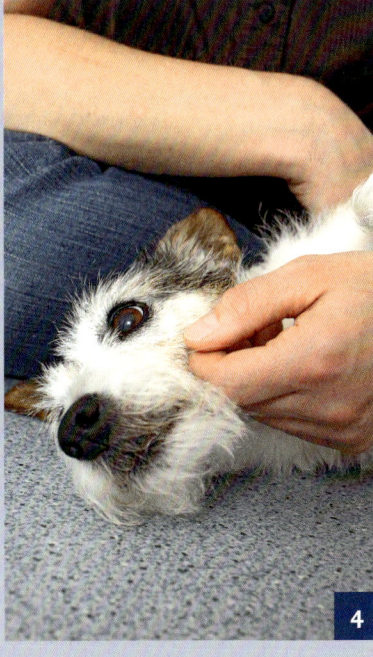

4

3 Graue Schnauzen möchten nicht mehr so häufig allein bleiben und lieber mit dem Besitzer mitkommen.

4 Hundesenioren fordern häufig mehr Schmuseeinheiten ein.

... und wie man sie vermeidet

1 Sollten Veränderungen innerhalb Ihrer Familie anstehen, achten Sie darauf, dass Sie diese Ihrem Hund „in Häppchen" zuführen. Zu viele Veränderungen auf einmal können ihn überfordern. Dies gilt z.B. auch, wenn ein Artgenosse in die Wohnung einzieht. Sollten Sie sich Gedanken über einen Zweithund machen, schaffen Sie ihn sich rechtzeitig an. Immerhin ist das für Ihren Oldie eine der größten Veränderungen, die Sie ihm zumuten können. In der Regel steht er dann nicht mehr im Mittelpunkt!

2 Ältere Hunde können den Harn nicht mehr so lange halten. Sollte einmal ein Malheur passiert sein, schimpfen Sie bitte nicht mit Ihrem Hund. Er kann nichts dafür. Außerdem kann er das Schimpfen sowieso nicht mehr mit seiner Handlung verknüpfen. Bauen Sie lieber demnächst einen zusätzlichen Spaziergang ein. Vermutlich kann es in Zukunft nämlich häufiger passieren, dass Ihr Hund öfter nach draußen muss!

1 *Abby wurden zu viele Veränderungen zugemutet – sie findet sich nicht zurecht.*

2 *Schimpfen Sie nicht mit Ihrem Hund, wenn er gerade sein Geschäft in der Wohnung erledigt hat.*

Was tun, wenn nichts hilft?

■ **Ihr Hund frisst immer schlechter.**
Es kann passieren, dass Ihr Hundesenior immer schlechter frisst. Dies kann verschiedene Ursachen haben, die unbedingt tierärztlich abgeklärt werden müssen. Im Handel gibt es zudem extra Seniorfutter, das auf die Bedürfnisse des älter werdenden Hundes eingerichtet ist. Erkundigen Sie sich bei Ihrem Tierarzt, er wird Sie beraten!

■ **Ihr Hund ist tagsüber ganz normal, nur nachts läuft er unruhig durch die Wohnung.**
Hunden, die dement werden, merkt man dies tagsüber nicht unbedingt an. Nachts sind sie unruhig und kommen möglicherweise mit ihren schwindenden Sinnesleistungen nicht mehr klar. Das macht ihnen Angst. Diesen Hunden kann medikamentös geholfen werden. Auch hier ist ein Besuch beim Tierarzt erforderlich.

■ **Ihr Hund beginnt, sich selbst zu lecken, oder bellt monoton, ohne aufzuhören.**
Wenden Sie sich bitte unbedingt an einen verhaltenstherapeutisch arbeitenden Tierarzt. Ihr Hund entwickelt eventuell eine Stereotypie oder eine Art Zwangsverhalten. Hier kann nur der Fachmann helfen!

■ **Ihr Hund erkennt Sie hin und wieder nicht mehr und reagiert mit aggressivem Verhalten.**
Auch hier hilft nur ein Gang zum Fachmann. Es muss individuell geprüft werden, was den Alltag des Hundes erleichtern könnte. In einigen Fällen muss auf Medikamente zurückgegriffen werden. Auch ein Schmerzproblem könnte vorliegen. Dies muss behandelt werden, sonst hilft das ganze Training nicht!

ALTERNATIVE BESCHÄFTIGUNGSIDEEN

Müssen Sie Ihren Vierbeiner allein zu Hause lassen? Dann gibt es eine Vielzahl an Ideen, wie Sie ihm einen Zeitvertreib bieten können. Einige Ideen finden Sie auf den folgenden zwei Seiten. Weitere Empfehlungen enthalten die Buchtipps auf Seite 62.

Mit Futter gefülltes Spielzeug kann Ihren Hund eine ganze Weile beschäftigen.

Im Handel gibt es eine Reihe Gummispielzeuge, aus einer relativ harten Gummimischung, die in der Mitte hohl sind. Diese Spielzeuge kann man hervorragend mit Leckereien füllen, sodass Ihr Hund lange beschäftigt ist. Im Internet finden Sie zahlreiche Rezeptideen. Es gibt sogar Leckerchen oder verschiedene Pasten, die genau in diese Spielzeuge passen. Also, seien Sie kreativ! Wie wäre es zum Beispiel mit seinem normalen Trockenfutter, gemixt mit Hundeleberwurst? So ist Ihr Leckermäulchen eine Weile beschäftigt, bis die klebrigen Köstlichkeiten mit der Zunge herausgelöffelt sind. Eine schöne Idee für den Sommer: Frieren Sie das gefüllte Spielzeug ein; so hat Ihr Hund ein Hunde-Eis und ein noch längeres Kauvergnügen.

AHA!

Bei allen Spielen, die Sie sich für Ihren Hund ausdenken: Achten Sie darauf, dass er sich nicht verletzen oder Fremdkörper schlucken kann. Nur ungefährliche Spiele kommen in Ihrer Abwesenheit in Frage!

Schnüffeln beim Alleinebleiben

Es geht aber auch noch kreativer. Sie können Ihren Hund auf eine Schnüffelrallye schicken, wenn Sie nicht zu Hause sind. Hierzu können Sie verschiedene Stationen in Ihrer Wohnung bauen, die Ihr Hund nach und nach abarbeiten kann. Natürlich braucht das ein wenig mehr Vorbereitungszeit, aber Ihr Hund wird es Ihnen danken.

Wie wäre es beispielsweise mit einer Kiste voller Papierfetzen, Klopapierrollen und was Sie sonst noch so an Papiermüll finden können? Zwischen dem ganzen Durcheinander verstecken Sie ein paar köstliche Hundekekse, die Ihr Vierbeiner erschnüffeln muss.

Oder Sie füllen einen Futterball oder einen Würfel mit seinen Kroketten und er muss sich sein Fresschen nach und nach „erkullern".

Viele weitere schöne Ideen hierzu finden Sie in dem Buch „Einfach Schnüffeln" von Christina Sondermann (siehe Buchtipps Seite 62).

Achten Sie darauf, dass Sie Ihren Hund nur mit Dingen allein lassen, die hierfür auch konzipiert sind. Einige Geschicklichkeitsspiele sind eher dafür gemacht, sie unter Ihrer Anleitung zu spielen. Alle Arten von Futterbällen sind dagegen gut geeignet, den Hund damit allein zu lassen. Sie können auch gerne einige Kauartikel ausprobieren. Denn das Kauen lastet Ihren Hund aus und baut vor allem auch Stress ab!

TIPP

Schauen Sie sich das Kauverhalten Ihres Hundes an: Was mag er und wie frisst er es? Schlingt Ihr Hund beispielsweise das Schweineohr schnell hinunter? Dann ist es nicht geeignet, Ihren Hund damit allein zu lassen!

1 *Was sich wohl alles in diesem Paket befindet?*

2 *Es gibt viele verschiedene geeignete Spielzeuge – schauen Sie, was Ihr Hund gerne mag!*

SERVICE

Sie wollen Ihr Wissen durch Lektüre vertiefen oder sind auf der Suche nach einer guten Hundeschule oder einem Tierarzt für Verhaltenstherapie? Dann werden Sie hier sicher fündig!

Zum Weiterlesen

- Del Amo, Celina; Kothe Dieter: *Hundeschule. Step by Step zum folgsamen Familienhund.* Verlag Eugen Ulmer, Stuttgart 2007

- Mahnke, Karina: *Grundschule für Hunde, Sitz, Platz, Komm.* Verlag Eugen Ulmer, Stuttgart 2008

- Mc Connell, Paricia : *Waldi allein zuhaus. Wenn Hunde Trennungsangst haben.* Kynos Verlag, Nerdlen / Daun 2008

- Pryor, Karen: *Positiv bestärken, sanft erziehen. Die verblüffende Methode, nicht nur für Hunde,* Kosmos Verlag, Stuttgart 2006

- Sondermann, Christina: *Einfach Schnüffeln! Nasenspiele für den Hundealltag,* Verlag Eugen Ulmer, Stuttgart 2011

- Voigt, Katrin: *Jeder Hund kann ... stubenrein werden, ... an lockerer Leine gehen, ... freudig zurückkommen.* Verlag Eugen Ulmer, Stuttgart 2013

- Wergowski, Christiane: *Alleine bleiben. Die Hundeschule,* Verlag Müller Rüschlikon, Stuttgart 2008

- Wilde, Nicole: *Lass mich nicht allein. Strategien gegen Trennungsangst bei Hunden,* Kynos Verlag, Nerdlen / Daun 2011

Zum Weiterlernen

- Berufsverband der Hundeerzieher und Verhaltensberater (BHV)
  www.hundeschulen.de
  Suchen Sie eine gute Hundeschule, sind Sie hier an der richtigen Stelle. Der BHV hat in Kooperation mit der IHK Potsdam den Zertifikatslehrgang Hundeerzieher und Verhaltensberater IHK / BHV ins Leben gerufen. Mitglieder des BHV, die dieses Zertifikat besitzen, arbeiten nach dem neuesten Stand der Forschung und bilden sich regelmäßig fort.

- Gesellschaft für Tierverhaltenstherapie
  www.gtvmt.de
  Auf der Überweisungsliste der Homepage finden Sie Tierärzte, die sich auf Verhaltenstherapie spezialisiert haben und sich auf diesem Gebiet regelmäßig weiterbilden.

- Homepage der Autorin.
  www.hundezentrum-rhein-main.com
  Im Hundezentrum Rhein-Main finden Sie neben der Tierarztpraxis für Verhaltenstherapie auch eine Hundeschule und -pension.

Hinweis: Der Verlag Eugen Ulmer ist nicht verantwortlich für die Inhalte der aufgelisteten Websites.

Bildnachweis

Alle Fotos im Innenteil und das Titel-
bild stammen von Heike Schmidt-
Röger, *www.schmidt-roeger.de*.

Dank

An erster Stelle möchte ich mich bei
meiner Familie und meinem Partner
Rainer Schröder bedanken, die mich
bei all meinen Projekten unermüdlich
unterstützen.
Ein großer Dank an meine Kunden
und die zahlreichen Hunde, die mir
im Laufe meines Hundetrainerdaseins
über den Weg gelaufen sind. Ohne sie
hätte ich bestimmt die eine oder andere Übung nicht ausprobiert. Es gibt
immer viele Wege, die einen zum Ziel
bringen. Mit jedem Hund lernt man
immer mindestens eine neue Möglichkeit dazu!

Autorin, Fotografin und Verlag bedanken sich ganz herzlich bei den Hun-
demodels Abby, Coco, Easy, Lilly, Lou,
Marley, Navy, Paul, Paula und Quintus
und ihren Zweibeinern für die tolle
Mitarbeit und ihre Geduld, die das
Gelingen der Fotos erst möglich gemacht hat.

Außerdem gilt der Dank von Verlag,
Autorin und Fotografin der Firma Trixie
Heimtierbedarf & Co. KG, die das Hun-
dezubehör für die Fotos auf den Seiten
9, 15 li., 15 re., 16 li., 16 re., 17 li., 17 re.,
18 li., 18 re., 24 re., 25 li., 25 re., 26 li.,
26 re., 27 li., 27 re., 28 li., 28 re., 34 li.,
34 re., 35 li., 36 li., 36 re., 37 li., 37 re.,
38 re., 55 li., 61 re. zur Verfügung gestellt hat.

Über die Autorin

Dr. Katrin Voigt ist Tierärztin mit der Zusatzbezeichnung Verhaltenstherapie. Sie leitet das Hundezentrum Rhein-Main mit der dort eingerichteten Hundeschule, einer Hundepension und der hauseigenen Tierarztpraxis für Verhaltenstherapie (ww.hundezentrum-rhein-main.com).

Impressum

Die in diesem Buch enthaltenen Empfehlungen und Angaben sind von der Autorin mit größter Sorgfalt zusammengestellt und geprüft worden. Eine Garantie für die Richtigkeit der Angaben kann jedoch nicht gegeben werden. Autorin und Verlag übernehmen keinerlei Haftung für Schäden und Unfälle. Der Leser sollte bei der Anwendung der in diesem Buch enthaltenen Empfehlungen sein persönliches Urteilsvermögen einsetzen.

Bibliografische Information der Deutschen Nationalbibliothek
Die Deutsche Nationalbibliothek verzeichnet diese Publikation in der Deutschen Nationalbibliografie; detaillierte bibliografische Daten sind im Internet über *http://dnb.d-nb.de* abrufbar.

© 2013 Eugen Ulmer KG
Wollgrasweg 41, 70599 Stuttgart (Hohenheim)
E-Mail: info@ulmer.de
Internet: www.ulmer.de

Lektorat: Dr. Marion Steinbach, Kathrin Gutmann
Herstellung: Ulla Stammel
Umschlagentwurf und Layout: Sojus Design / Kai Twelbeck, Stuttgart
Druck und Bindung: DZA Druckerei zu Altenburg GmbH
Printed in Germany

ISBN 978-3-8001-7855-1